U0294498

绿色低碳导向的城市更新设计方法与策略

编　著　中国建筑设计研究院有限公司
主　编　徐斌　任祖华　赵辉
副主编　杨猛　蹇庆鸣　郑然　赵科科

中国建筑工业出版社

图书在版编目（CIP）数据

绿色低碳导向的城市更新设计方法与策略 / 中国建筑设计研究院有限公司编著；徐斌，任祖华，赵辉主编；杨猛等副主编．—北京：中国建筑工业出版社，2023.12

ISBN 978-7-112-29250-9

Ⅰ．①绿… Ⅱ．①中… ②徐… ③任… ④赵… ⑤杨… Ⅲ．①城市规划—建筑设计—无污染技术—研究—中国 Ⅳ．①TU984.2

中国国家版本馆CIP数据核字（2023）第184469号

责任编辑：刘　静　徐　冉
书籍设计：锋尚设计
责任校对：赵　力

绿色低碳导向的城市更新设计方法与策略
编　著　中国建筑设计研究院有限公司
主　编　徐斌　任祖华　赵辉
副主编　杨猛　蹇庆鸣　郑然　赵科科

*

中国建筑工业出版社出版、发行（北京海淀三里河路9号）
各地新华书店、建筑书店经销
北京锋尚制版有限公司制版
北京富诚彩色印刷有限公司印刷

*

开本：787毫米×1092毫米　1/16　印张：13¾　字数：272千字
2024年8月第一版　2024年8月第一次印刷
定价：**89.00**元
ISBN 978-7-112-29250-9
（41962）

如有内容及印装质量问题，请联系本社读者服务中心退换
电话：（010）58337283　QQ：2885381756
（地址：北京海淀三里河路9号中国建筑工业出版社604室　邮政编码：100037）

编委会

编　　著：

中国建筑设计研究院有限公司

主　　编：

徐　斌　任祖华　赵　辉

副 主 编：

杨　猛　蹇庆鸣　郑　然　赵科科

参编人员：

尤娟娟　桂汪洋　张泽群　李志昊　韩　瑞　陈钇凝　王灵颖

康思威　骆　爽　江培军　赵益铎　张林夕　云贺英　李　冉

前言

绿色低碳、城市更新是推动城市高质量发展的重要路径，也是近年来建筑设计行业的重要关键词。在“十四五”规划和“二〇三五年远景目标”中，提出了“推动绿色发展，促进人与自然和谐共生”“推进以人为核心的新型城镇化、实施城市更新行动”，是我国现阶段实现城市绿色低碳与高质量发展的重要部署。在全球气候变化、可持续发展及“双碳”目标的大背景下，作为能源消耗和碳排放的主要源头，探讨城市的绿色低碳转型显得尤为重要。因此，“绿色低碳”已成为城市发展不可或缺的核心理念，而绿色低碳城市更新设计则是今后存量发展时代城市发展的关键环节。

本书旨在聚焦绿色低碳城市更新推动城乡建设高质量发展的现实需求，探讨如何在城市更新中融入绿色低碳理念，以期基于我国城市发展的现状和特色，因地制宜地为我国城市的可持续发展提供一定的探索路径。本书着眼于解决城市活力减弱与特色缺失、品质不足、功能布局不适、生态环境失衡等问题，以设计实践为统筹，关注“建筑—人—环境”的高度融合，将提升人民的获得感与幸福感作为更新的首要任务，提升品质、完善功能、培育特色、增强活力、生态增绿，抓住城市更新难得的发展机遇，实现建筑和城市让生活与未来更美好的目标。

本书以人民为中心建构人文城市、以绿色发展理念建构绿色城市，彰显人本价值与生态价值，兼顾生活、生态、生产有机统一赋能城市更新，是在绿色低碳背景下对城市更新工作进行探索与引导。本书结合城市更新设计的理论研究及实践经验，通过探究绿色低碳城市更新的特点与原则，研编绿色低碳导向的城市更新方法与策略，构建多层次多维度的指标体系与实施路径，提升城市更新设计方法的系统性和规范性，凝聚城市更新全要素耦合应用场景，为读者呈现不同应用场景下的绿色低碳更新实践的设计方法与策略的应用，以及不同情景下的绿色低碳城市更新的实施路径，旨在为我国城市建设领域的从业人员、研究人员以及政策制定者提供一本相对全面、系统、实用的绿色低碳导向的城市更新设计方法指南，引导实施科学的绿色城市更新行动，持续改善城市生活环境质量，推进以人为核心的高质量城市更新发展进程。希望通过本书的出版，能够推动我国城市更新向更加绿色低碳、可持续发展的方向迈进，为实现“双碳”目标和生态文明建设贡献绵薄之力。

绿色低碳导向的城市更新是一项复杂且长期的任务，需要政府、企业、公众及社会各界的共同参与和持续努力。本书的研编还仅仅是一个开端，更多科学化、精细化的研究还需要每一位业内人士与读者积极加入到绿色低碳城市更新的变革之中，期望能够抓住绿色低碳与城市更新推动城市高质量发展的重要机遇，激发更多有志之士对绿色低碳城市更新的关注，促进相关领域的学术交流与合作，共同推动绿色低碳理念在城市规划设计中的深入应用。此外，还需要激发广大社会主体的积极性、主动性，努力构建全民参与、共建共享的绿色低碳城市更新的创新机制，实现多方参与、共建共享的新局面。

本书研编过程中学习研究了大量相关研究成果与实践项目，也汲取了业界专家、学者、建筑师、规划师和技术人员的大量经验与成果，以及获得了大量专家的指导，同时得到了国家重点研发计划项目、能源基金会（Energy Foundation）项目、主编单位自立科研项目的大力支持，在此表示衷心感谢。

我们相信，在大家的共同努力下，我们的城市将会变得更加美好、更加宜居、更加可持续！

目录

第一章

绪论

第一节　研究背景

一、城市更新是促进城市高质量发展的重要抓手

从城市发展的一般规律来看，在城市的成长期，空间扩张是城市建设的主题，而当城市发展进入成熟期后，城市更新将成为永恒的主题[①]。经过30余年的快速发展，我国的城镇化已经从高速增长转向中高速增长，进入以高质量发展为主的转型发展新阶段，城市更新在注重城市内涵发展、提升城市品质、促进产业转型、加强土地集约利用的趋势下日益受到关注。

许多特大城市或沿海发达地区城市已在主动推进城市更新工作，并且积累了一些经验。在制度建设方面，如广州构建了“1+3+N”政策体系、深圳构建了“1+1+N”政策体系、上海构建了“1+N”政策体系[②]；深圳、上海还将原《深圳市城市更新办法》《上海市城市更新实施办法》分别升级为《深圳经济特区城市更新条例》和《上海市城市更新条例》，两个条例先后通过两地人大常委会审议，分别于2021年3月1日和9月1日起施行[③]，成为当地城市更新工作的“顶层设计”。在项目实践方面，诞生了一大批优秀的城市更新项目，如北京首钢老工业区（北区）更新、上海上生・新所、广州恩宁路永庆坊、深圳水围村柠盟公寓、成都猛追湾、三亚“城市双修”系列项目等，不同地区对不同类型的城市更新项目进行了探索与实践。

2021年，十三届全国人大四次会议通过了《中华人民共和国国民经济和社会发展第十四个五年规划和2035年远景目标纲要》，明确提出了需要进一步加快推进城市更新，改造提升城市中的存量片区的功能，在城市更新的同时，同步优化城市的空间结构和城市的空间品质[④]。文件的提出，表明我国城市建设进入了新的历史阶段，告别破坏力较强的“大拆大建”更新模式，进入存量更新的时代，以存量的提升改造为突破口，完善基础设施与公共服务配套、传承历史文化与城市特色、保护绿色生态与文明建设，推进城市高品质发展。

---

① 卜凡中，龚后雨．万众“双修”战沉疴——解读“城市修补生态修复”三亚实践[M]．北京：新华出版社，2016.
② 唐燕，杨东，祝贺．城市更新制度建设：广州、深圳、上海的比较[M]．北京：清华大学出版社，2019：48-49.
③ 赵科科，顾浩．基于内容比较的国内城市更新地方性法规研究[J]．北京规划建设，2022（4）：53-57.
④ 董昕．我国城市更新的现存问题与政策建议[J]．建筑经济，2022，43（1）：27-31.

由于种种原因和限制，老旧城区的绿色化改造面临较多困难。在国家层面，2016年国土资源部印发的《关于深入推进城镇低效用地再开发的指导意见（试行）》（国土资发〔2016〕147号）提出，要牢固树立创新、协调、绿色、开放、共享的新发展理念；2020年国务院办公厅印发的《关于全面推进城镇老旧小区改造工作的指导意见》（国办发〔2020〕23号）提出，结合城镇老旧小区改造，同步开展绿色社区创建。在地方层面，2012年《深圳市城市更新办法实施细则》（深府〔2012〕1号）要求，城市更新项目在实施过程中应当按照集约用地、绿色节能、低碳环保的原则；2015年《广州市城市更新办法》（广州市人民政府令第134号）提到，鼓励节能减排，促进低碳绿色更新；2015年《上海市城市更新实施办法》（沪府发〔2015〕20号）提出，改善生态环境，加强绿色建筑和生态街区建设；2021年《北京市人民政府关于实施城市更新行动的指导意见》（京政发〔2021〕10号）提出，打造安全、智能、绿色低碳的人居环境[①]。由此可见，提升城市的内涵与品质，绿色低碳城市更新迫在眉睫。

二、绿色低碳导向的城市更新是实现城市生态持续发展的必然选择

气候变化是当今人类面临的重大挑战，人类活动引起温室气体增加，并使得全球地表温度上升约1.0～2.0℃[②]。为了应对气候变化，2015年12月的《巴黎协定》明确了21世纪末将全球升温控制在不超过工业化前2℃的目标，并将1.5℃温控目标确立为应对气候变化的长期努力方向[③]。

改革开放以来，中国的城镇化速度不断提升，城镇化率逐年升高，城市建设方面也在迅速扩张。直到今日，城市发展的模式已发生改变，由增量扩张发展转向为城市更新、存量发展的新阶段。城市是人类现代生产生活的资源汇集地，因此城市是国家实现绿色低碳发展的重要载体，绿色低碳导向的城市更新是实现城市生态持续发展的必然选择。国家“十四五”规划和“2035远景规划”均明确提出“城市更新行动”，而“城市更新行动”强调坚持走中国特色新型城镇化道路，深入推进“以人为核心”的新型城镇化战略，建设宜居、绿色、韧性、智慧、人文的城市[④]。绿色发展理念在国家“十三五”规划和“十四五”规划中都占据了相当重要的地位，目前是我国城市更新建设的重要方

---

① 董昕．我国城市更新的现存问题与政策建议[J]．建筑经济，2022，43（1）：27-31.

② IPCC. Climate change 2021: The physical science basis[M]. Cambridge: Cambridge University Press.

③ 刘泽淼，黄贤金，卢学鹤，等．共享社会经济路径下中国碳中和路径预测[J]．地理学报，2022，77（9）：2189-2201.

④ 雷庆华．城市人居环境优化、健康与低碳的实践研究——在城市更新中重塑自然环境[J]．世界建筑导报，2022，37（4）：56-63.

向。人们赋予城市更新更深层次的内涵，不仅强调社会、经济方面的效益，更看重生态方面的效益。

城市让生活更美好。城市更新贯穿城市生长的全过程，是人们对既有生产生活方式、条件、环境的持续改造并使之变得更美好的过程，是实现人居环境高质量发展的重要路径。一直以来，城市建设过程中存在的问题主要是城市用地总量与发展空间需求的矛盾，因此高强度地开发存量土地会成为必然的选择。与高强度开发相伴而来的是对城市生态空间的挤压与破坏，致使城市的生态系统遭到破坏，引发更多的环境问题。因此如何协调城市更新中的高强度开发和生态环境破坏成为规划师亟待解决的问题。以绿色低碳的生态环境更新修复为引导，营建人与自然和谐共生的城市生态环境，全力推进“绿水青山就是金山银山”的理念，将城市更新绿色低碳化，促使城市的“三生空间”[①]有机融合，城市生态的持续发展离不开绿色化、低碳化的城市更新方式和策略。

三、绿色低碳导向的城市更新是落实城市“双碳”目标的重要举措

城市更新是一种用于调控现有空间资源的政策工具和治理手段，对改善城市空间布局、社区建设和建筑利用等方面有直接影响，从而对地区的碳汇和碳排放结果产生影响。过去，大规模居住区改造和“三旧”改造等城市更新方式，虽然在促进经济增长和改善城市形象方面取得了一定成就，但也带来了一系列“非低碳化”现象。

从城市层面来看，传统城市更新存在三个方面的“非低碳化”现象。首先，在碳汇端，由于开发利益的驱动，更新过程对城市的自然山水和生态环境造成了破坏，导致城市碳汇规模大幅下降。其次，在空间供给端，由于对空间资源的再分配不公平，公园绿地等公共空间的缺失成为“非低碳化”的问题。最后，在消费需求端，更新后的产城不融合及“大马路、大街区”等问题改变了人们的交通和生活方式，间接引发了消费需求端的“非低碳化”问题[②]。

从社区层面观察，传统城市更新存在着与低碳化背道而驰的问题，主要体现在建筑拆除和建造、社区运行与维护、交通出行三个方面。首先，在建筑拆除和建造过程中会产生大量的碳排放。通过对比拆除重建和综合整治两种更新模式，发现碳排放差异主要出现在拆除和建造环节，尤其是建筑拆除和建造过程中产生的建筑垃圾需要经过转移和处理，额外增加了大量碳排放。其次，大规模拆除和建设带来了大量高层社区，增加了

---

① “三生空间”指生产空间、生活空间和生态空间。

② 周剑峰，古叶恒，肖时禹. “双碳”目标下的高质量城市更新框架构建——基于湖南常德的城市更新实践[J]. 规划师，2022，38（9）：96-101.

社区运行与维护的成本，这些社区普遍存在高能耗问题，特别是电梯运行和超高层供水，成为电力消耗的两大领域。最后，随着拆除重建的推进，原本位于城市中心地区的低成本居住空间被大量拆除，职住平衡逐渐遭到破坏，越来越多的居民不得不依靠长距离的机动化通勤，进而间接增加了交通碳排放量①。

根据建筑使用情况分析，建筑全过程碳排放量占全国碳排放总量的比重约为51%。具体来说，建筑材料生产阶段所产生的碳排放占比约为28%，建筑运行阶段占比约为22%，建筑施工阶段占比约为1%②。传统的大规模拆除和重建的更新方式主要考虑经济效益因素，导致原有的建筑风格和结构被破坏，并过度使用高耗能的建筑材料，致使建筑的热环境和风环境等发生了较大的变化，额外增加了电气设备的运行成本，从而使能耗和碳排放大幅增加。

在以实现“双碳”目标和高质量发展为双重导向的背景下，我们需要转变过去以高速增长为核心的高碳排放发展路径，避免城市空间结构和基础设施建设产生高碳“锁定”效应。我们应积极探索绿色低碳与品质提升相结合的城市更新技术手段，旨在大幅减少碳排放的同时提高城市生活品质，为实现“双碳”目标发挥城市更新的重要作用。

第二节　本书编写的目的与意义

在国家战略“实施城市更新行动”和“双碳”目标的双重作用下，城市更新项目会如雨后春笋般涌现，其绿色化、低碳化亦将是大势所趋。面对大量纷繁复杂的工程项目，设计师最大的困境是如何迅速做出正确抉择，而对设计方法的熟练掌握是前提。因此，城市更新设计方法的系统性和规范性的重要程度不亚于创新性，这也是我们编写本书的初衷。

城市更新设计项目需要传承和变革。本书以中国建筑设计研究院的相关工程设计实践为主，以国内外相关优秀案例的经验借鉴为辅，探讨如何在绿色低碳导向下开展城市更新项目的前期准备、规划设计、实施运营，并且尝试性地提出城市更新项目在绿色低碳导向下的设计方法体系，同时反思目前发现的问题，适当探讨未来的城市更新设计创

---

① 周剑峰，古叶恒，肖时禹．“双碳”目标下的高质量城市更新框架构建——基于湖南常德的城市更新实践[J]．规划师，2022，38（9）：96-101.

② 中国建筑节能协会，重庆大学城乡建设与发展研究院．中国建筑能耗与碳排放研究报告（2022年）[J]．建筑，2023（2）：57-69.

新趋势。

一方面，随着近年来国家和地方政府越来越重视城市更新工作，学界从制度、空间、形态、经济等方面积累了一些研究成果，但是关于城市更新设计方法论的研究成果甚少；另一方面，通过总结提炼优秀城市更新案例中蕴含的设计方法策略及绿色低碳技术，以更好地应对未来城市更新工作的新发展、新需求。

因此，本书尝试结合实践经验，构建绿色低碳导向的城市更新项目设计方法体系，提升城市更新设计的规范性，对开展城市更新项目设计实践具有一定的指导作用，从而能够更快、更好地推动城市更新项目的策划与实施。

第三节　编写框架

一、本书内容

（一）绿色低碳导向的城市更新的概况

本书从绿色低碳导向的城市更新的涵义、形成和发展、实践探索、理论与方法几个方面深入展开研究和综述，系统梳理国际和国内经验。首先从研究背景和相关概念引出绿色低碳导向的城市更新的研究目的和意义；其次梳理国内外绿色低碳导向的城市更新的形成过程和发展过程，并对实践落地项目进行梳理和研究，对相关定义进行辨析；最后对绿色低碳导向的城市更新的理论方法进行探索。

（二）绿色低碳导向的城市更新设计方法体系构建

通过对指标库的遴选构成绿色低碳导向的城市更新的设计指标体系，建立评价指标体系，并提出相应的策略和优化方法。

（三）绿色低碳导向的城市更新设计前期准备指引内容

包括对项目的区位、历史脉络、现状条件和建设诉求等方面进行分析，收集相关的法规政策、上位规划、技术导则等基础资料，策划评估项目的价值、定位以及人群业态，最后整理出绿色低碳导向下的城市更新设计策略。

（四）绿色低碳导向的城市更新设计指引内容

在规划指引部分分别从城市的道路交通、空间风貌特色、历史文脉、景观绿化、公服和市政设施、绿色建筑技术等方面对项目展开城市更新设计的引导，针对每个方面进行详细的方法讲解和案例解读，以具体翔实、深入浅出的方式介绍城市设计方法与策略。

（五）绿色低碳导向的城市更新项目实施指引内容

在项目具体实施方面，分别从公众参与、分期规划、多专业协同等方面进行项目落地的具体指引，包括实施后的项目评估内容，确保整个项目流程的完善性。

二、总体框架（图1-3-1）

第四节　适用范围

一、适用对象

城市更新是一项涉及行业众多、专业跨度较大的综合性建设活动，因此本书主要面向参与城市更新设计项目的策划咨询、城乡规划、城市设计、建筑设计、景观设计等相关从业人员及政府部门管理人员等全方位的团队人员，旨在协助他们分阶段、分步骤高质高效地完成城市更新项目。

二、应用阶段

现阶段，有些经济发达地区的城市已提出“对城市更新项目实行全生命周期管理”[①]，鼓励推动城市更新由开发理念转向经营理念，项目实施主体由政府转向市场。因此，设计机构要构建全过程工程咨询服务能力，深度参与城市更新项目全过程。本书重点聚焦于城市更新项目前期准备、规划设计、实施运营三个阶段（图1-4-1）。

---

① 摘自《上海市城市更新条例》第五十条。

绪论与背景
绪论
研究背景
研究目的与意义
研究框架
适用范围
研究综述
绿色低碳导向的城市更新设计思想的形成与发展
缘起与发展
国内外理论综述
当代特征
综述小结
绿色低碳导向的城市更新设计实践
绿色低碳城市更新途径综述
绿色低碳城市更新实践综述
绿色低碳导向的城市更新设计原则
绿色低碳导向的城市更新设计特点
评价指标体系
绿色低碳导向的城市更新设计评价体系构建
绿色低碳导向的城市更新设计方法体系构建
绿色低碳导向的城市更新设计评价体系
评价意义与目标
既有评价指标体系综述
评价指标体系构建
绿色低碳导向的城市更新设计指标典型案例评价
绿色低碳导向的城市更新设计指标体系对应的设计策略
方法与策略指引
绿色低碳导向的城市更新设计前期准备指引
城市更新现状研究
相关资料收集分析
项目评估策划研究
制定绿色低碳方案
研判项目区位发展特征
梳理历史文化演变脉络
解析平衡利益各方诉求
收集分析项目能耗数据
解读相关政策法规要求
参照相关标准规范指引
解析上位规划条件要求
查阅相关建设档案资料
评估基地空间核心价值
剖析人群业态总体特征
研判项目主要目标定位
优化规划设计任务条件
明确绿色低碳设计导向
构建绿色低碳指标体系
提出绿色低碳设计策略
绿色低碳导向的城市更新规划设计指引
塑造绿色低碳空间结构
织补绿色低碳文化脉络
优化绿色低碳道路交通
提升绿色低碳景观绿化
完善绿色低碳设施规划
推广绿色低碳建筑技术
实现绿色低碳建筑改造
实施指引
绿色低碳导向的城市更新设计项目实施指引
公众参与多方互动
分期实施有序发展
专业协同团队协作
协助业主有序推进
实施评估反馈改进
结语
结语

图1-3-1　总体框架

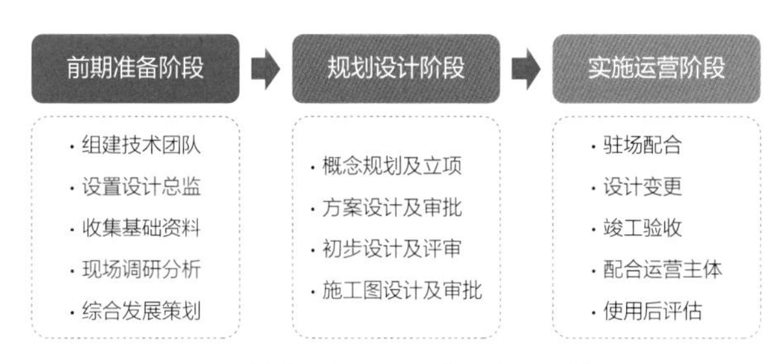

图1-4-1　城市更新项目的全生命周期管理流程

（一）前期准备阶段

1. 组建工作团队

由城市更新项目的业主方主导，筹备组建项目的工作推进团队，应包括策划、规划、设计、咨询、施工、运营等，以及参与项目建设、使用、管理的各相关单位。在此基础上，建立项目推进的议事协调机制，通过定期召开专题会议，协调项目推进的时间进度和任务安排。

2. 设置设计总监

设置城市更新项目的设计总监（可由主持建筑师兼任），负责统筹全生命周期技术服务内容、把握技术方向，并协调设计过程中各团队开展思路探讨、技术共享、方案集成、建设管理咨询、运营管理咨询等工作。

3. 收集资料和诉求

研究项目所在地相关法规政策，调研项目所在地及周边城市已实施的类似项目，收集相关规划、研究成果、项目自身建设条件等。通过多次深入现场的调研走访，摸清项目所涉及的利益相关方。通过建立公众参与机制，让利益相关方参与到项目前期准备阶段的部分工作，并根据利益相关方诉求和项目所在片区的经济、历史、文化等特征初步设定设计目标。

4. 现场调研分析

通过研究相关规划、查阅各类数据资料和检测报告，分析场地在区位、历史、文化、气候等方面的特征，综合评估项目的更新改造价值，摸清需要补足的各项短板，从而明确针对场地内建筑和设施的“留改拆”举措。并且，结合现场调研分析得出的各项结论，为项目量身定制绿色低碳工作方案。

5. 综合发展策划

深入了解项目所处区域的产业结构调整与升级的设想，并在此基础上结合利益相关方诉求，提炼保留建筑、空间、景观的社会、文化、经济价值，分析项目的新定位和需要承担的新功能，形成能让各方达成“基本共识”的项目更新方向和更新愿景。

（二）规划设计阶段

1. 概念规划及立项

基于参与各方达成的“基本共识”，在绿色低碳理念引导下，从空间、功能、风貌、文化、道路、交通、景观、设施、建筑等方面系统地提出对城市更新项目的整体构思，形成生动形象的项目展示方案，然后再次召开由利益相关方参加的交流研讨会。经过多轮研讨并征求意见后形成概念规划方案，以作为政府相关部门决策立项的主要依据。如果项目涉及规划条件调整，应积极配合项目实施主体开展调整论证工作。

2. 方案设计及审批

在概念规划得到项目实施主体和地方政府相关部门立项批复后，开展设计层面的方案工作，并建议进行多方案比较。设计方案确定后，应配合项目实施主体开展方案审查报批、交评、环评、人防等相关工作。此阶段还应同步开展绿色建筑模拟评估验证和投资估算，以便及时修正方案。

3. 初步设计及评审

在方案通过政府相关部门审批后，由设计总监牵头组织建筑、总图、景观、结构、机电各专业以及专项咨询方，按专业分工开展项目的方案深化、初步设计等工作。在此阶段还需要对初步设计成果作投资概算和绿色经济性评估，并报送初步设计评审。

4. 施工图设计及审批

在初步设计通过相关部门评审后，开展施工图设计，并应用成熟的绿色低碳技术和产品。在此阶段还需要对施工图设计成果进行绿色设计效果预评估，并配合相关方完成审批程序，为项目开工做好准备。

（三）实施运营阶段

1. 驻场配合

各专业设计负责人与项目实施主体、施工企业和材料产品设备的供应方密切沟通配合，结合建筑改造和绿色技术产品施工要求，并配合工艺构造要求，把控精细化设计质量。

2. 设计变更

在施工中如果涉及技术和产品变更，应及时计算出因此带来的投资金额、工程进度、碳排放量等变化，形成各专业技术确认的备案文件，然后报项目实施主体确认。

3. 竣工验收

项目竣工后，配合进行施工总体验收及绿色专项评估，形成评估报告。

4. 配合运营主体

配合项目运营主体，从专业角度提出对拟引入业态的建议。以顾问身份积极参与项目运营管理相关工作，做好运营阶段的技术咨询服务。

5. 使用后评估

项目正式运营后，定期开展建筑和空间的使用后评估，为今后的改造升级提供支持。

三、技术框架（图1-4-2）

图1-4-2 技术框架

第二章

绿色低碳导向的城市更新设计理论综述与特征

第一节　国内外绿色低碳城市更新设计的理论综述

一、国外绿色低碳城市更新设计的理论探索

从城市规划设计的角度，艾略特（Eliot Allen）构建的“低碳邻里单元模型”，涉及土地资源的多功能集约利用、区域可达性、综合便利的基础设施、综合交通、可再生能源与食品供应六个方面。能源消耗—城市形态研究以建筑类型学和城市形态学为基础，从微观—宏观角度关注城市的碳排放水平及影响因素——包括城市居民的生活方式，以探讨能源消耗、居民行为和城市空间形态之间的联系。

从城市公共服务和基础设施建设的角度，麦古（Una McGeough）等人从土地利用、城市环境管理、交通系统、自然资源、建筑系统和能源系统的角度提出了基于分布式能源应用的“可持续城市设计模型”。

从城市建设的实施角度来看，世界自然基金会主张发展集约型城市，以控制城市的无序扩张。《伯克利气候行动计划》基于交通和土地资源的合理开发和可持续利用、建筑能源的有效利用和管理、废弃物的减少和再利用、创造缓解和适应气候变化影响的城市环境四个方面，倡导创建低碳城市和绿色城市。索瓦科尔（Sovacool）和布朗（Brown）研究了12个大都市地区的碳足迹，强调了大都市地区的减排潜力。在低碳交通规划方面，卡瓦略（Carvalho）等研究了里斯本的通勤模式，其重点是：优先考虑公共交通，评估全生命周期内的运输成本、土地使用、城市停车、能源分析、温室气体排放、照明和创造一个低能耗的生活环境，选择绿色建筑技术、使用当地材料、推广城市的地方特色，以及应用多种技术优化低碳战略，减少能源损失和停机时间。

总的来说，对绿色低碳生态城镇的多维度、多角度研究，应从道路交通、能源利用、绿色建筑等不同方面进一步研究，以成功开展城市更新设计[①]。

---

① 蒋沙沙．基于低碳理念的城市更新设计研究[D]．株洲：湖南工业大学，2019.

二、国内绿色低碳城市更新设计的理论发展

“双碳”目标提出以来，绿色低碳的城市更新设计成为国内学者研究关注的重点。绿色低碳导向的城市更新设计是一个复杂而庞大的系统，涵盖了经济、社会、环境、技术等诸多方面。相关研究大致可以从以下三个方面加以概括：

（一）国内城市总体规划编制层面的理论研究

陈天提出可以将城市更新这一庞大体系分解为四个关键层次，包括城市更新总体规划、城市更新专项规划、城市更新片区的策划方案以及具体项目的实施方案，并将绿色和减碳的专项指标融入其中[①]。顾朝林认为，现阶段中国低碳城市规划的重点在于减少城市碳排放和增加城市地区自然碳封存。在区域层面上，以规模适中、分布密集的公共交通系统（尤其是高速轨道交通）为主要交通手段；在城市层面，建议采用紧凑的城市空间结构，高效、便捷、安全的公共交通系统，以及“大分区、小混合”的布局；在社区层面，建议采用适度的社区功能和密度组合以实现低碳目标[②]。

（二）国内低碳城市更新设计层面的理论研究

伍炜在反思城市更新过程中存在的“非低碳”问题的基础上，结合深圳市建设全国首个低碳生态的城市更新实践，提出了包括环境综合整治、公共空间复兴、推广生态节能技术和发展以公共交通和慢行交通为主导的模式等低碳设计策略[③]。周剑锋等基于“双碳”目标下的城市更新价值转向，构建了高质量城市更新框架，并结合湖南常德的城市更新实践，从城市治理、片区更新、社区营造三个层次探索了绿色低碳理念下的高质量城市更新实现路径[④]。王凯认为，低碳城市更新设计应打造六大技术体系，即生态优先城市格局、生态文化功能修复、公交导向交通、绿色低碳社区建设、智能高效能源系统和数字化运维管理[⑤]。低碳城市更新设计应以低碳城市理念为基础，综合考虑规划、建设、交通、能源等方面，实现资源节约、环境友好、社会公平、经济效益的统一。低碳城市更新设计应以海绵城市理念引领绿色低碳转型，共同推进老旧小区改造、黑臭水体治理、排水防涝等工作，通过绿色和灰色基础设施充分发挥对雨水的利用。张弓提

---

① 陈天，耿慧志，陆化普，等. 低碳绿色的城市更新模式[J]. 城市规划，2023，47（11）：32-39.

② 顾朝林，谭纵波，刘志林，等. 基于低碳理念的城市规划研究框架[J]. 城市区域规划研究，2010，3（2）：23-42.

③ 伍炜. 低碳城市目标下的城市更新——以深圳市城市更新实践为例[J]. 城市规划学刊，2010（S1）：19-21.

④ 周剑峰，古叶恒，肖时禹. “双碳”目标下的高质量城市更新框架构建——基于湖南常德的城市更新实践[J]. 规划师，2022，38（9）：96-101.

⑤ 王凯. “双碳”背景下，打造城市更新六大技术体系[J]. 新型城镇化，2023（9）：16.

出，低碳城市更新设计策略应从“拆除、改造、保留”转变为“保留、改造、拆除”，即尽可能保留建筑、构件和材料，进行适应性改造，提高建筑安全、节能、性能，减少拆除量，保护和传承城市记忆和历史文化①。

（三）国内低碳城市更新设计其他层面的理论研究

林坚、叶子君提出，绿色城市更新是新时代城市更新发展的一个重要方向，而零碳社区建设是绿色城市更新的新趋势，并建议从更新目标、规划设计、技术方法三个方面进行绿色零碳社区更新探索②。胡海燕、董卫认为低碳城市设计需要实现土地集约混合使用、构建公交网络、能源循环流动和人本理念的道路规划等几个转变，并结合武汉解放大道西段城市设计提出了区域环境统筹、交通系统综合、GIS量化分析支撑下的土地利用与开发模式、生态技术和绿色建筑技术运用四项设计策略③。王建国和王兴平主张在低碳城市的建设过程中，需要注重低碳导向的规划模式和设计策略的引入，逐步更新确立一套现符合低碳发展要求的城市规划技术规范与指标体系。此外，还指出了设计师、社会大众、城市政府的三元联动在低碳城市建设当中的重要性④。

综上所述，国内绿色低碳导向的城市更新设计的相关研究涵盖的范围十分广泛，包括相关的理论研究和具体实践，从土地利用、道路交通、景观绿化、基础设施建设和新型技术运用等多个方面进行讨论和探索。

总体而言，城市规模和形态对城市固碳和减少碳排放具有重要影响。在城市规划过程中，应重视低碳城市的建设，运用综合技术手段预测碳排放并协助设计前期准备。在城市更新设计中，需要运用多种技术，从多个方面综合考虑，实现资源节约、环境友好、社会公平、经济效益的统一。

三、国内外绿色低碳城市更新设计的理论综述

从国内外绿色低碳理念下城市更新的相关研究来看，涉及的领域有土地开发利用模式、道路交通的低碳化改造、海绵城市建设、景观绿化空间、可再生能源利用、基础设施和公共服务设施改造、增强绿地碳汇能力、低碳建筑技术、鼓励公众参与等诸多方面。

但是，目前绿色低碳城市更新设计理论研究尚缺乏评价体系与评价指标，缺乏对绿

---

① 张弓．城市更新的低碳实施策略：从“拆改留”到“留改拆”[J]．可持续发展经济导刊，2022（4）：22-23.

② 林坚，叶子君．绿色城市更新：新时代城市发展的重要方向[J]．城市规划，2019，43（11）：9-12.

③ 胡海艳，董卫．低碳理念下的城市设计初探——以武汉解放大道西段城市设计为例[J]．城市建筑，2011（2）：28-30.

④ 王建国，王兴平．绿色城市设计与低碳城市规划——新型城市化下的趋势[J]．城市规划，2011，35（2）：20-21.

色低碳城市更新设计、施工、验收、运行管理考核评价的重要手段与工具，还缺少建设绿色低碳城市的量化指标和绿色低碳城市更新关键约束标准，难以将关键评价指标成果转化为其他规划设计的控制标准、配置要求、技术集成和示范应用等。绿色低碳城市更新过程中缺乏量测、监督手段，案例间的横向对比和设计过程的纵向对比不足。

当前理论研究系统性的方法与策略不足，缺少前期准备的指引，包括对项目前期研判不够，对于位于城市建成区的更新项目缺乏多重发展特征的分析。缺乏对历史文化脉络的深入挖掘，对历史文化特色要素的发掘不够，未能平衡多方利益，满足各方诉求。收集分析项目数据不足，同时未能深入分析与之相关的政策法规、标准规范、上位规划、建设档案资料等，缺乏对相关标准规范指引的参照。未能积极落实上位规划条件要求，供查阅的相关建设档案资料不足。

在城市空间结构塑造方面，缺乏运用城市设计的方法加强项目与周边自然山水的联系，项目所在街区的城市肌理特点无法延续，街区的特色街巷空间、节点空间和地标建筑不够突出。在文化保护方面，城市更新项目本身往往蕴含着丰富的历史文化信息，因此在设计中还需要加强研究项目范围内及周边的历史文化遗存情况，需要关注那些虽不属于历史建筑保护范畴，但极具时代感的建筑物及构筑物。

在绿色低碳道路交通设计过程中，根据现状交通情况和道路状况，还需要结合绿色低碳相关理念统筹考虑车行交通、慢行交通、静态交通的优化措施，并加强落实在街道空间的设计中。在景观设计时，为增加碳汇能力、提升景观环境品质，需要关注城市更新项目场地及周边的自然环境、视线通廊、植被绿化、景观设施，并提出景观绿化环境的主题定位、功能、服务人群等方面的设计思路。

缺乏对绿色低碳建筑技术的推广，应结合建筑环境模拟技术，将绿色建筑技术应用于建筑的能源优化利用、资源循环使用、体验舒适性提升等方面，从而进一步降低建筑的碳排放，实现低碳甚至零碳目标。同时，随着城市发展变迁，城市中的有些建筑已经无法适应时代需求，但是经综合评估后发现建筑本身的质量相对较好，且具有一定的再利用价值，因此在设计中应当以改造为主，尽量减少拆除重建。改造利用既有建筑，有利于减少拆除过程中产生的建筑垃圾以及新建过程中消耗的建材、能源、资源，从而间接减少碳排放，实现城市更新项目的绿色化、低碳化。

当前研究内容缺乏绿色低碳指标测算。相比于新建项目，城市更新项目面临的博弈多、突发事件多，因此不确定因素也随之增多，导致设计过程中相关经济技术指标和资金额度随之发生变化。针对上述问题，需要在各个阶段尽量把可能会影响到建设的相关因素考虑清楚，如相关政策、规划条件、建筑材料、施工组织方案等，从而保障项目本身的技术指标与资金测算不会产生较大幅度的变动。

第二节　当代绿色低碳城市更新设计理论的特征

一、从塑造空间结构角度

在总体格局上，鼓励运用城市设计的方法，加强项目与周边自然山水的联系，延续项目所在街区的城市肌理特点，突出街区的特色街巷空间、节点空间和地标建筑。通过合理划分功能区域，形成多中心、多层次、多元化的空间结构，提高土地利用效率，减少交通需求，促进职住平衡。在功能区域内，采用紧凑型、混合型、灵活型的建筑形态，鼓励空间复合和业态叠合，满足多样化的功能需求，提高空间品质。

二、从织补文化脉络角度

在城市更新中，遵循新发展理念，弘扬绿色低碳的价值观和生活方式，保护传承城市的历史文化，塑造城市的特色风貌，提升城市的文化品位和软实力。

不同于新建项目，城市更新项目本身往往蕴含着丰富的历史文化信息，因此在设计中需要加强研究项目范围内及周边的历史文化遗存情况，还需要关注那些虽不属于历史建筑保护范畴，但极具时代感的建筑物及构筑物。此外，在设计中要通过合适的空间承载那些富有地域特征的非物质文化要素，从而更好地展现给公众，在潜移默化中弘扬地域文化特色。

当城市更新项目涉及历史街区、文物保护单位、历史建筑、文化遗产、不可移动文物等历史遗存及其附属空间时，应严格落实相关法律法规和标准规范要求，保护并展示其承载各历史时期的重要信息，阐释其“叠合的原真”。

三、从优化道路交通角度

按照绿色发展理念，推动城市道路交通的结构调整、技术创新和管理优化，降低交通运输的能耗和排放，提高交通运输的效率和安全，改善交通运输的环境和服务，促进交通与自然和谐发展，加大发展“低碳”交通（步行、公交、有轨电车和轻轨等），从而减少私家车出行，缓解城市道路拥堵问题。

四、从提升景观绿化角度

遵循生态优先、文化传承、低碳创新、功能完善的理念，通过规划设计、技术应用、管理运营等手段，提高城市景观绿化的生态效益、文化效益、社会效益和经济效益，构建美丽宜居的城市环境。

通过保护和恢复原有的自然资源和生态系统，如河流、湿地、林地等，增强城市生态安全和韧性。通过构建以绿道为主干的蓝绿空间网络，连接各类公园、广场、庭院等开放空间，形成连续完整的生态廊道和景观带，提供多样化的休闲体验和生态教育。通过设置雨水花园、渗透井、屋顶花园等设施，实现雨水收集、利用和净化，减少径流污染并缓解城市热岛效应。

五、从完善设施规划角度

遵循绿色低碳理念和元素，通过规划设计、技术应用、管理运营等手段，提高城市基础设施的节能环保水平，构建系统完备、高效实用、智能绿色、安全可靠的现代化基础设施体系。

通过提供共享空间、共享设施、共享服务等资源，满足社区居民的多元化需求，促进社区内部的交流互动和社会支持。通过开展低碳生活、低碳出行、低碳消费等主题活动，培育社区居民的绿色低碳生活方式和价值观。

六、从推广建筑技术角度

遵循绿色低碳理念和元素，通过规划设计、技术应用、管理运营等手段，提高建筑的节能环保水平，降低建筑的能源消耗和碳排放，构建系统完备、高效实用、智能绿色、安全可靠的现代化建筑体系。

通过推广绿色建筑、智能建筑和装配式建筑等技术，降低建筑能耗，提高建筑节能性能，实现超低能耗或零净能耗建筑。通过利用太阳能、风能、地热能等可再生能源，建设分布式能源系统，提供清洁电力和热力，实现能源自给自足或正向供能。通过建立智慧能源管理平台，实现能源需求响应、储能调节和碳排放监测等功能，提高能源供需匹配和优化效率。

七、从实现建筑改造角度

在城市更新中，坚持“留改拆”并举、以保留利用提升为主，加强修缮改造，补齐城市短板，注重提升功能，增强城市活力。

八、从优化指标测算角度

在城市更新各个阶段，全面分析相关因素，包括相关政策、规划条件、建筑材料、施工组织方案等，保障项目本身的技术指标与资金测算不会产生较大幅度的变动，并在此基础上完善绿色城市更新设计方法指标体系。

第三章

绿色低碳导向的城市更新设计实践

第一节　传统城市更新设计的回顾与反思

城市更新的途径多种多样，包括城市空间形态和结构的不断优化、城市外部风貌的改善、城市历史文化的保护和传承、城市人居环境质量的全面提升等。这些更新可能是城市在外部力量推动下进行的，也可能是在城市发展过程中自身空间形态和空间结构演变产生的。通过对国内外城市更新实践的研究，本节总结出以下四种城市更新的发展路径。

一、土地功能置换优化空间形态结构

土地功能置换是指城市为适应社会日益发展而进行功能调整和空间重置，是城市功能集聚和扩展的空间反映。土地功能置换是城市功能布局的空间体现，它非常直观地展示了城市空间发展演变的特征和趋势。因此，土地功能置换是影响城市空间形态结构的重要因素。功能置换是评价城市空间发展水平的重要依据，也是城市更新的重要手段。功能置换手段通常包括经济手段和政策手段：经济手段通常是指调整城市中心或次中心的土地价格，从宏观上调控城市空间形态结构；政策手段是指通过城市规划、土地政策、行政区划等手段对土地利用功能进行调控。土地功能置换的最终目的是实现城市功能用地的平衡。

二、景观系统构建改善城市景观

早在20世纪60年代，凯文・林奇（Kevin Lynch）就指出，人与城市环境具有双向作用，即城市意象的表现。通过人对环境的调节，可以使环境与人的感知形式和抽象过程相互适应，也就是说，城市意象是可以塑造和优化的，景观系统的构建主要基于凯文・林奇的城市意象五要素，即路径、边界、区域、节点和标志，这五要素是城市景观系统构建的重要内容。构建合理的景观体系在城市更新过程中非常重要，道路、广场等城市意象的物质载体在城市或区域中具有其独特的景观价值。[①]例如，广场在区域中的

---

① LYNCH K. The city image and its elements[M]. Cambridge, Mass: The MIT Press, 1960: 40-60.

集聚效应决定了其在区域中的景观核心地位，而界面的连续性和协调性又会对景观风格产生重大影响。在城市更新过程中，对城市意象五要素的整合与优化是构建城市景观体系的重要途径。通过对景观系统中各个要素的不同处理方式，可以在更新过程中呈现出不同的效果，从而实现不同的城市更新目标，并通过这些更新目标的实现来改善城市景观。

三、历史文化遗产保护城市特色

我国是一个历史悠久、幅员辽阔的国家，文化源远流长，但地理位置的差异导致不同的城市具有各自鲜明的特色。例如，华北老城区多为四合院联排格局，城市肌理较为规整；江南城市大多依水而建，城市错综复杂的水系促成了独具地域特色的城市风貌。在这种情况下，城市更新活动应高度重视对历史文化的保护。合理的城市更新应处理好“保护”与“建设”的关系，在更新活动中尽量避免对历史街区的破坏，努力实现地域文化在现代城市中的延续。在我国已经开展和正在进行的城市更新活动中，拥有历史街区的城市更新主要通过两种方式进行，即建设新区和保护历史街区肌理。建设新区是在现有城市规模已远远超出老城区负荷极限的基础上，以老城区保护为目的，在周边地区开辟新区，在更完整地保护老城区的同时缓解城市压力；保护城市肌理的更新则更为复杂，在实施非常详细的规划时也必须持特别谨慎的态度，要以旧城规划和历史文化街区规划为指导，在对城市肌理和格局进行充分分析后再进行更新建设。

四、微改造提升人居环境质量

近年来，“微更新”“微改造”等词汇在国内学术界被越来越多地提及。它不同于传统的注重整体、综合宏观视野的更新活动，也不同于以往的环境综合治理。微更新强调的是“人的尺度”上城市小空间更新，是一种针对更有限的用户群体、更易于组织实施、成本相对较低、周期相对较短的更新模式。微更新的实施者不一定是当地政府或开发商，它强调公众参与和多方利益，城市中的每一个居民都可以成为更新活动的规划者、实施者和受益者。微更新注重过程，不急于求成，在明确更新目标后循序渐进，采用渐进式、小规模、多样化的更新方案，注重培育区域和城市的景观再生能力和环境品质，这种更新方式更适应未来城市更新的趋势，是未来更新的主流[①]。

---

① 程依博. 长春市城市更新演进的特征与趋势[D]. 长春：吉林建筑大学，2020.

第二节　绿色低碳导向的城市更新设计实践综述

一、国外绿色低碳城市更新设计实践综述

（一）英国生态城镇

（1）在交通方面，从整体上编制整个城市（甚至是相关地域）范围内的交通规划体系，鼓励居民使用非机动车和公共交通出行，并以此为目标，合理配置住宅服务设施的比例和服务区的设置，减少私家车出行。

（2）在就业方面，为减少城市居民的日常通勤距离，提高工作效率，减少交通碳排放，生态城镇提倡功能混合和职住平衡，要求在商务区和办公区布置相应数量的居住用房及生活配套服务设施。

（3）在服务设施方面，根据人口年龄结构和居民职业类型，按需配置、平衡供需，建设实用、有活力、可持续的社区环境，避免到处配置千篇一律、互相抄袭、利用率低的服务设施。

（4）在绿色基础设施方面，绿地要做到多功能、多样化，控制绿地率，使生态城的整体绿地率达到40%以上。

（5）在水资源方面，要制定长期的节水目标，在规划未来城市发展的同时，也要考虑当前的用水需求：首先，在城市开发建设过程中，要保护好水源；其次，要贯彻实施水资源保护，避免影响地表水和地下水；最后，实行“可持续排水”，对自然降水进行有效和循环利用。

（6）在洪水风险管理方面，旨在消除区域内的洪水威胁。采取有利于防洪减灾的布局和建设，解决区域内的洪水威胁问题，同时，与周边地区协调发展，消除区域内开发建设对周边地区的洪水威胁。

（二）德国低碳城市

1998年慕尼黑市议会首次提出了“远景慕尼黑”的城市发展理念，并针对当前城市规划中存在的各种问题，提出了“城市、紧凑、绿色”的城市空间发展战略，其主要目标是：

（1）对受地理条件制约、具有一定保留价值的老城区进行资源重组和功能调整，以资源损耗较小的城市维护和城市更新取代全面重建；

（2）提高交通效率，完善基础设施体系，创造包括步行在内的非机动车交通发展

的城市环境，采用城市土地功能混合使用的方式，减少机动车（尤其是小汽车）通勤的能源消耗；

（3）梳理城市绿化系统，形成从宏观到微观的“绿色系统”：区域生态环境—城际外围绿环—城市内部绿地段—街区廊道互换景观，同时城市规划管理部门还规定了城市人均公共绿地的目标。

十年后，慕尼黑通过了“气候变化和气候保护”的生态准则，其中的核心准则包括：

（1）在建筑能源供需方面，通过综合管理和绿色建筑技术减少公共建筑的供需；

（2）鼓励公众参与城市发展，加强规划相关部门与公众的信息沟通，建设公众所需、所想、所盼的城市环境，使城市功能更加贴近城市发展需求；

（3）交通能源低碳化，加大发展“低碳交通”（步行、公交、有轨电车和轻轨等），从而减少私家车出行和城市道路拥堵；

（4）加强绿色空间的开发和利用，使城市绿地与城市公共空间的发展建立有机联系，从而稳定城市碳汇。

（三）法国交通无碳化城市

法国东北部的阿尔萨斯地区拥有发达的公共交通系统，不仅方便了人们的出行，而且减少了二氧化碳的排放，使城市进一步“无碳”。在阿尔萨斯地区，居民可以选择多种高效的出行方式：高速列车、自助自行车、船只、有轨电车等。无碳交通的发展包括：

（1）发展有轨电车。这里诞生了法国第一辆有轨电车，经过现代化改造和升级，至今仍在为公众服务，缓解了日益严重的交通拥堵问题。

（2）对公共交通的政策支持。当地政府通过制定有效的价格政策，引导公众采用低碳出行的方式。

（3）自行车网络系统的完备性。阿尔萨斯地区的斯特拉斯堡有500km的自行车专用道，其分级方式与机动车道类似，形成了法国最大的自行车网络。市区各处都设有自行车停车场，而新的自行车停车设施仍在持续安装中。公众参与共享交通，即“汽车共享”，在该市也得到了应用，市民可以加入协会，在电车站获得公共汽车的使用权[①]。

（四）哥本哈根碳中和城市

当地政府批准通过了《哥本哈根市大暴雨防涝管理规划》，大暴雨防洪管理规划得

---

① 蒋沙沙. 基于低碳理念的城市更新设计研究[D]. 株洲：湖南工业大学，2019.

到深化、细化，进一步将全市划分为七个汇水分区，并指明每个汇水分区应采取的暴雨管理原则和方法。除传统的地下排水管网（雨水管道，从地下输送雨水至湖泊或海湾）外，规划还提供了针对暴雨的雨水道路、滞留道路、绿色街巷和滞留区域四种地面解决方案，以应对暴雨气候，提升城市公共空间的气候适应性。

塔星戈广场是首个按规划实施的示范性项目，其所在地原为一处道路交叉口。按照暴雨雨水管理规划的原则，项目设计主要采用地面改造的方式，增加可滞留、渗透雨水的绿地，增设地下蓄水池，结合场地坡度、高差设计汇集雨水。地下蓄水池还与周边道路、建筑物相衔接，以疏导、收集周围路面、建筑屋顶雨水。蓄水池储满后的超量雨水再进入市政下水管道，所蓄雨水则通过装置设计用于绿化浇灌。同时，项目设计出向阳的活动场地、有趣的景观小品、运动器械，与临街店铺衔接，形成可供居民游憩、闲坐、品尝咖啡的活动空间。建成后的塔星戈广场，由原来的道路交叉口三角形硬地，转变成为一个可蓄滞雨水的街头公园，为社区增加了约2500m^2的公共绿地与空间，成为城市环境中一处具有生态和社会功能的新设施、新场所，成功实现了城市空间改善与社区功能强化。

（五）阿姆斯特丹绿色城市的可持续发展

阿姆斯特丹可持续发展战略的实施主要围绕可再生能源、洁净空气、循环经济、气候弹性四个方面展开，并制定了相应的定量和定性目标。

（1）在可再生能源方面，阿姆斯特丹致力于能源转型，将生产更多的可再生能源，减少对化石能源的依赖，鼓励使用清洁能源，提高既有能源使用效率。对房屋进行节能改造时，住宅、商业和工业建筑等新建建筑必须是气候平衡的，在选择发展规划和承建单位时，可持续性因素被着重考虑。

（2）在改善空气方面，主要减少空气中的二氧化氮、颗粒物和烟尘成分，更多使用人工动力和低碳能源，降低空气污染和噪声。政府通过推行电力交通补贴和替代性能源补贴项目，鼓励电力和人力交通。

（3）在发展循环经济方面，改变过去“原料—产品—垃圾”的线性生产和消费模式，坚持“从摇篮到摇篮”的环保理念：产品的原材料可以通过生态循环回归自然，也可以通过工业循环再制成新产品；高效利用原材料，循环利用更多的自然资源和原材料；可持续消费，通过科技创新促进经济发展，带动金融商务服务、生命科学、创意创业等产业的发展。

（4）在气候适应性方面，为应对冬暖夏凉、冬季日趋湿润、暴雨天气增多、海平面上升、水位上涨等气候问题，从2020年起，将提高气候适应性纳入政府相关政策。

鼓励居民、企业主和政府官员改造雨水排放庭院、绿色屋顶、街道、花园和广场，促进大型建筑设计采用雨水收集设施，增加城市的雨水容纳能力，以便吸收雨水①。

国外绿色低碳城市更新设计案例汇总见表3-2-1。

国外绿色低碳城市更新设计案例　　表3-2-1

案例	特点
英国生态城镇	①鼓励非机动车出行和公共交通出行；②居住服务设施配置比例和服务范围适当配置，提倡功能混合和职住平衡；③按需配置服务设施、供需平衡，建设实用、活力而可持续的社区环境；④生态城镇的总体绿地率达到40%以上；⑤设置长远的节水目标，保护水源，避免影响地表水和地下水
德国低碳城市	提出“城市、紧凑、绿色”三个主题共同发展的城市空间发展战略：①老旧城区资源重组和功能调整，替代全盘重新开发建设；②提高交通使用效率、完善基础设施体系，对城市土地功能采取混合利用方式；③梳理城市绿地系统，形成从宏观到微观的层级“绿色体系”；④加强气候变化与气候保护为目的的生态导则
法国交通无碳化城市	①发展轨道电车，缓解日益严重的交通拥堵问题；②公共交通的政策支持，制定有效的价格政策，引导市民养成低碳出行观念；③采用道路分级方式，完善自行车网络系统，增设自行车停放设备；④应用“汽车共享”，实现共享交通的公众参与
哥本哈根碳中和城市	①大暴雨防洪管理规划得到深化、细化，进一步将全市划分为七个汇水分区，并指明每个汇水分区应采取的暴雨管理原则和方法；②除传统的地下排水管网外，规划还提供了针对暴雨的雨水道路、滞留道路、绿色街巷和滞留区域四种地面解决方案，以应对暴雨气候，提升城市公共空间的气候适应性
阿姆斯特丹绿色城市的可持续发展	①致力于能源转型，将生产更多的可再生能源，减少对化石能源的依赖；②使用更多人工动力和低碳能源，降低空气污染和噪声；③秉承“从摇篮到摇篮”的环保理念，利用更多的自然资源和原材料；④增强气候弹性要纳入相关政府政策

二、国内绿色低碳城市更新设计实践综述

（一）宏观角度：片区尺度层面

1. 福建厦门低碳化城市规划

（1）交通低碳化。在厦门的城市规划中，新岛和主岛以“公共交通为主导，其他交通为补充”的交通体系为指导，结合以公共交通为导向的开发（TOD），形成了以快速公交系统（BRT）为主的高效客运系统，大大提高了城市日常长距离通勤的效率。

（2）丰富碳汇系统。厦门打造了闻名遐迩的城市滨海绿化景观，并在城市发展建设中，不断探索和创造更加多样、适宜的城市绿化建设方式，鼓励“因地制宜”“常护常新”“垂直绿化”。“因地制宜”，即从与区域自然条件的适应性、与绿地功能定位的一

① 欧亚．阿姆斯特丹：绿色城市的可持续发展之道[J]．前线，2017（4）：74-79.

致性、与内部生态系统的协调性、与各种环境污染物的互补性、与周边建筑风格的协调性、与服务对象需求的共鸣性六个方面来选择绿色植被；“常护常新”是指管理部门对城市绿化进行精心养护和管理，及时将受损的花卉、乔灌木送回苗圃进行重新栽培、修剪枝叶或重新育苗，为歪斜、破损率高或有生长缺陷的植被修建专门的种植通道，并对影响其生长的其他种植品种进行调整；在鼓励“垂直绿化”方面，由于城市用地的有限性，厦门市从鼓励垂直绿化入手，提高绿地率和景观率，缓解城市热岛效应，如山体绿化、混凝土护堤面绿化、阳台绿化、挡土墙绿化、观赏小品绿化、装饰墙绿化、结构绿化、高架桥绿化等。

（3）不同地区开展不同种类可再生能源的联合应用。厦门核心城区东海周边地区潮汐资源丰富，在发展太阳能、海水源热泵的同时，重点开发潮汐能的利用；五缘湾地区拥有厦门最大的湿地生态公园，位于海湾入口处，在开发太阳能和海水源热泵的同时，加强对风能的开发；湖滨水库区和园博湾区则重点开发太阳能和水源热泵。

2. 浙江衢州低碳城市发展技术产业集聚与互联

（1）大力整合产业资源：2012年，衢州绿色产业集聚区、衢州经济技术开发区、高新技术产业园区三区合并为衢州绿色产业集聚区。成立后，衢州绿色产业集聚区对集聚区内堵塞、断流的街道排水沟、溪流、水库等进行了清理和修复，疏通挖塞，补旧修新，恢复了园区的清水空间。同时，对园区内仍有服务功能的路面进行修复，将重要路段拓展为专门的物流大道，并改造多条新路连接各工业区，大力推进交通发展，以配合产业升级。

（2）推进产城融合战略：“加快北部区块发展，优化升级南部区块”，在推进北部产业开放的基础上，同步建设南部居住生活配套工程，最大限度地实现职住平衡和城市功能协调发展。

（3）海绵城市建设：在已建成的海绵城市项目中，比较典型的是衢州鹿鸣公园、古城墙遗址公园和市民足球场。

鹿鸣公园：以“与洪水为友”“都市农业”“最小干预”为项目设计理念，保留了场地原有的基本地貌和自然植被（包括原始红砂岩、农田水系等）。在公园内开辟道路和亭子，微调植物种类的配置，将无序的自然生长转变为有节奏的迷人美景。公园采用了大量的木质栈道系统，在原有自然地表径流系统的基础上，设计了生态水泡，将雨水保留在场地内，保持较湿润的土壤环境。公园内的铺装全部为透水铺装。

古城墙遗址公园：这是一个改造项目，其中保留了历史悠久的古城墙等古迹，对明代诊所进行修复，将其改造成咖啡吧等休闲建筑，并将原本堵在护城河外的活水引入公园广场，与护城河的倒影形成镜像景观效果，公园内四个广场结合蓄水装置设置为海绵广场。公园内所有的景观设置都通过绿化的垂直渗透和路面的水平分流，使自然降水得到合理的利用。

市民足球场：该球场主要由标准场地、健身跑道、简易看台、自行车棚及附属建筑组成。体育场采用塑料面层、透水沥青、透水混凝土、碎石的透水铺装材料和方法，通过“渗水滞水”的海绵城市技术，为周边绿地储存地下水，缓解城市内涝。

3. 山东滨州低碳城市建设路径生态走廊网络建设

以“四环五海”和“七十二湖”为骨架，结合“古黄河生态廊道”和“沿海滩涂林”，利用地域特色和当地资源，打造以“水”为纽带的综合生态网络系统，形成“城、林、水”一体化的城市景观格局。

（1）“四环五海”即环城公路、环城水系、环城林业和环城景点四个环城工程和中海、西海、北海、南海、东海五个大型水库，是一项集交通、水利、林业、城建和旅游于一体的综合性市政建设工程，旨在加强滨州与黄河的联系，创造亲水的城市环境，美化城市，改善城市小气候，调节洪水。在“四环五海”建设中，充分利用原有的排水渠道，在原有渠道的基础上对部分水域进行拓宽改造，扩大水面，这在一定程度上降低了水域的污染浓度；同时在河道两侧实施造林工程，改善河道土壤的结构，提高土壤质量，创造良好的城市绿化景观。在开发建设和使用黄河水源期间，地下水和自然降水的补给只完成了一小部分，但为城市蓄水、生活用水、地下与地表水质的改善发挥了重要作用。

（2）“七十二湖”是滨州充分利用水资源调节城市内涝和小气候的又一举措，采用分区开发（滨城区、老城区、经济开发区）、分类建设（近期建设、远期建设）的方式，计划完成覆盖近200km^{2}的城区。在工程建设中，一方面利用城市中许多已有的水池和洼地，减少开挖量，另一方面利用新开挖的土方修建城市道路。在城市建设中，要求社区的每个新项目都要配置相当规模的水面，营造“城景相映、人水共生”的和谐环境。滨州地处黄河三角洲腹地，具有明显的区位优势、水资源（包括淡水和海水）优势、能源和矿产资源优势、渔业和农业资源优势。在生态经济体系建设上，一方面要加强发展有一定基础和相当规模的果、菜、畜、渔四大主导产业，另一方面要培育和壮大现代低碳产业。产业发展的主要策略包括：①在地方主导产业体系建设方面，加强基础设施建设，围绕畜牧水产产业集群的战略目标，提升各产业的档次和生产效益。如滨州近年来为发展渔业，将海水引入市区，对数万亩海水进行标准化生态整理和改造，建设了现代渔业综合示范园区、水产健康养殖示范场、稻渔综合种养示范区等基地，并利用沿海区域资源优势，实施海洋生态修复工程，包括潮间带高地湿地养殖与修复、贝壳堤岛和湿地生态整治与修复等。②在现代化的低碳产业体系建设方面，在发展农牧业的基础上，发展和提升蔬菜水果园区、海洋风景旅游，同时，在各种产业实践中应用循环经济理论，形成多种类型的产业链，如磷铵、硫酸、水泥联产等循环经济产业链，使各种资源、能源得到了更大程度的利用①。

4．广东惠州惠环片区城市更新设计

（1）土地利用。片区层面：对片区内各用地主体功能进行整体规划、梳理和二次配置，突出各片区的用地功能。在惠环南片区打造城市综合服务核心区，西坑片区打造创新产业发展核心区，创新科技产业景观区和智慧产业提质景观区分布在核心区之间，分区协调发展，在一定程度上实现联动的空间格局。组团层面：依据《惠州市城市规划标准与准则》核对人口和公共服务指标，增加一定比例的居住用地、绿地和广场用地、教育用地、医疗卫生用地和体育用地，进一步完善片区内公共服务设施建设，提高片区内居民生活的便利性、舒适性和满意度，为片区后续产业发展提供良好的土地资源基础。

（2）绿色交通。尽量减少机动车日常出行需求，缩短出行距离；发展慢行交通，鼓励绿色低碳出行方式（如步行、自行车等），倡导公共交通。为此，惠环片区以交通设施服务半径750m计算，规划设置若干公交场站和公共停车场，确保规划场站服务范围基本覆盖片区核心区域，打造以常规公交为主体的公交服务体系，同时适当限制机动车的使用。结合水网绿道打造道路慢行系统，保障非机动车和行人的路权，完善道路交叉口和小区出入口的慢行过街设施，全线连贯自行车道和人行道，确保慢行过街安全；打造人性化、艺术化的街头场所景观，营造高品质的城市慢行印象。

（3）产业发展。与“传统产业”或“高碳产业”相比，低碳产业是低碳经济发展形成的产业门类，主要产生于低碳技术创新、能源消耗变化和消费者对高品质环境的需求。例如，电子信息、智能制造、互联网等新兴产业都是热门的低碳产业。在当前国民经济发展与资源环境矛盾突出的背景下，我国高碳经济的主体性仍然比较明显，迫切需要向低碳产业转型。因此，城市更新不能绕过产业转型升级这一重要课题。

（4）生态优化。城市生态空间以建筑、道路绿化和绿地为主。不同的绿化形式可以促进城市景观服务对象的活动，从而间接增强景观的碳汇能力。因此，有必要在城市更新设计中提供理想的设计方案，提高绿化服务功能。惠环片区现有绿地资源较为丰富，包括自然山林、丘陵、二级水库、景观水库等。绿地率为12.6%，但资源分布较为分散，没有成片、成规模的城市绿色廊道。为此，惠环区以建设“公园城市”为理念，在片区更新中坚持均衡、共享的设计理念，采用均衡、开放、多元的布局形式。打造“惠环大道（生活绿廊）”和“产业大道（生产绿廊）”的“双廊”格局，辅以东侧笔架

---

① 蒋沙沙．基于低碳理念的城市更新设计研究[D]．株洲：湖南工业大学，2019.

山郊野公园和西侧赛坑郊野公园，构建10km郊野绿道，与一批城市公园一起，增强景观空间活力，践行低碳理念，进一步提高自然资源利用效率①。

5. 山东济南城市更新

（1）优化能源结构，推进清洁能源替代。加快淘汰高污染、高耗能燃煤锅炉，推广使用天然气、电力等清洁能源，提高清洁能源在终端消费中的比重。推进分布式光伏发电、风力发电等新能源利用，促进建筑一体化光伏应用。加强垃圾焚烧发电、污水处理厂沼气发电等资源利用型发电项目建设，提高生活垃圾无害化处理率和资源化利用率。提升能源效率，推进节能减排。加强节能监管和标准制定，实施重点行业和领域节能行动计划，推动工业、建筑、交通等领域节能技术改造和管理创新。推广应用高效节能产品和设备，提高公共机构、企业单位和居民家庭的节能意识和水平。加强城市绿化、森林碳汇等生态系统服务功能，提高城市碳汇能力。

（2）推进循环经济，实现资源高效利用。深入实施园区循环化改造，推动产业园区内部物质流、能量流、信息流等要素循环利用，形成产业链闭环。推动工业固废、农业废弃物等资源综合利用，开展建筑垃圾再生利用试点示范，提高资源回收再利用率。推动城乡生活垃圾分类处理，加快厨余垃圾无害化处理设施建设，促进有机废弃物资源化利用。

（3）引导绿色消费，培育绿色生活方式。加大绿色低碳循环发展理念宣传教育，营造全社会节能降碳的浓厚氛围。倡导简约适度、绿色低碳的生活方式，引导居民选择公共交通、新能源汽车等低碳出行方式，鼓励居民使用可再生材料制品和可回收物品，减少一次性消费品使用。建立健全绿色消费政策体系和评价机制，推广绿色消费模式和案例。

6. 河北雄安新区低碳绿色新城

（1）坚持构建碳预算管理机制，打造国际一流低碳新城。在顶层设计层面，出台雄安新区碳排放管理相关法规，制定雄安新区低碳发展相关规划。尽快开展“以碳定人、以碳定产”的碳预算管理试点，明确雄安新区未来碳排放峰值和低碳发展路径，建设温室气体报告平台，开展碳排放考核评价管理，尽快实施碳排放交易制度，构建从规划建设到运行管理的温室气体排放管理体系。

（2）低碳承接北京非首都功能，构建绿色低碳产业体系。主要疏解教育、医疗、文化、科技、物流等产业和国有企业总部、科研院所等机构。雄安新区要发挥后发优势，结合本地特色，发展高端、高新科技产业园区，承接北京非首都功能产业疏解。通过发展第三代产业园区，将“生态优先、绿色发展”理念融入产业园区建设全过程，把

① 王欢．基于低碳理念的城市更新设计研究——以惠州惠环片区为例[J]．城市建筑空间，2023，30（4）：63-66.

低碳环保作为产业园区建设的指导思想和衡量标准，推动产业绿色转型，从而打破经济发展的“高碳锁”。

（3）推进街区制社区建设，构建绿色出行友好型交通体系。雄安新区是“扁平化新城”，建设之初就应推进街区制。通过创新城市安全管理机制，建立主干路环绕、中小街巷分隔、路网密度高、公共交通和公共服务设施完善的开放式街区。同时，顺应共享经济发展的趋势，在中心城区规划人行道，发展建设以共享单车、轨道交通、公共交通为主的低碳友好型交通体系，减少出行时间和对小汽车的依赖。在与周边城市的衔接上，合理布局高铁站、机场、汽车站，形成互联互通的交通换乘网络。白洋淀地区应推广低碳水运，如保留传统木船，推广使用氢燃料电池、零碳能源的快艇、运输船等。

（4）推进能源转型，构建智慧低碳能源体系。雄安新区能源转型是实现“绿色智慧新城”的必然选择。结合雄安新区地热资源丰富的优势，探索在供暖、发电等领域推广普及“地热煤”新模式，减少煤炭消耗。结合油气资源丰富的优势，推广适合雄安新区的“煤改气”，尽快减少居民散煤消费。结合“扁平化新城”建设模式，建设绿色智能电网，推广分布式光伏在可再生能源建筑中的应用，加快绿色低碳产业园区和社区建设。结合建设快捷高效交通网络的目标，探索氢电池、生物柴油等可再生能源在交通领域的推广应用。结合雄安产业发展特点和城镇化现状，加快推动秸秆、生活垃圾等固体废弃物在发电、供热等领域的利用。

（5）严格管控水资源消耗总量和强度，打造生态农业示范区。雄安新区发展模式必须为节水与环境友好型模式。依托白洋淀生态优势，采用最严格的水资源管理模式，“以水定城定产”，划定生态红线，调整农业种植结构、增加生态用地比重，打造高端生态农业示范区①。

（二）微观角度：地块尺度层面

1. 江西景德镇彭家上弄酒店和陶瓷工业博物馆

分别对传统砖木结构建筑和砖混结构厂房进行适应性改造，通过80%以上的留、改及小部分的拆违、新建，将其改造更新为集文化展示、酒店、商业等于一体的城市公共空间。

2. 河北保定古城保护更新

该项目采取自研的“英招”调研软件，对用地和建筑的规模、权属、功能、效益、

① 周伟铎，郑赫然，庄贵阳，等．雄安新区低碳发展策略研究——基于深圳特区、浦东新区、滨海新区的低碳发展实践[J]．建筑经济，2018，39（3）：13-18.

文化、安全、品质、区位等方面的现状进行综合评估，确定产业与文化、民生与品质、环境与低碳三大目标。据此，确定不同用地的保护、修缮、整治、生态修复和极少量拆除更新的分类更新措施。在此基础上，根据更新潜力和适宜性评估，以设计—投资—建造—运营（DIBO）一体化的方法确定“针灸式”重点更新片区。

3. 福建福州烟台山乐群路城市微更新

2019年，福州市政府启动了烟台山乐群路城市微更新项目，由福州市规划设计研究院执行落实。项目的目标是保护修复烟台山的历史文化遗产，同时引入新的公共空间和业态，提升烟台山的活力和吸引力，打造一个兼具历史和现代的特色文化街区。项目以乐群路为主轴，对沿线的部分建筑进行了微改造，从“低干预、高效益、可持续”的原则出发进行设计。对于具有历史价值的建筑，如清代民居、民国时期的教堂、抗战时期的警察局等，设计采用了保留修复的方式，恢复了建筑的风貌，同时引入了新的功能和业态，如民宿、咖啡馆、文创店等，增加了建筑的功能多样性和商业价值。对于无历史价值的建筑，如旧厂房、旧仓库等，设计采用了拆除重建的方式，建造了新的建筑，如图书馆、美术馆、音乐厅等，增加了街区的公共服务设施和文化氛围。对于街道空间，设计采用了优化改善的方式，对街道硬化、绿化、亮化等进行了统一规划和设计，提升了街道的品质和美感。

4. 上海蕰藻浜滨江公共空间示范段

该项目是利用原有的防汛墙进行微改造的城市更新，设计以“15分钟社区生活圈”为基础，优化和升级了滨江片区的公共空间功能，提升了居民的生活幸福感。项目还结合了蕰藻浜的历史文化，通过景观桥、水岸平台等装置，展现了宝山母亲河的魅力和生态。项目不仅改善了滨江环境，还促进了沿岸高科技园区的发展，形成了一个生产性和生活性相结合的公共空间。

国内绿色低碳城市更新设计案例汇总见表3-2-2。

国内绿色低碳城市更新设计案例 表3-2-2

尺度	案例	特点
宏观尺度	厦门低碳化城市规划	①交通低碳化，公共交通主导，结合TOD开发模式；②丰富碳汇系统，鼓励“因地制宜”“常护常新”“垂直绿化”；③再生能源利用，分片区发展不同种类可再生能源的联合运用
	衢州低碳城市发展技术产业集聚与互联	①大力整合产业资源，三区合并，成立了衢州绿色产业集聚区；②推进产城融合战略，最大限度地实现职住平衡和城市功能的协调发展；③海绵城市建设，如衢州鹿鸣公园、古城墙遗址公园和市民足球场

续表

尺度	案例	特点
宏观尺度	滨州低碳城市建设路径生态走廊网络建设	以“四环五海”和“七十二湖”为骨架，结合“古黄河生态廊道”和“沿海滩涂林”系列工程，利用地域特色和本土资源，全面打造以“水”为纽带的生态网络体系，形成“城、林、水”一体的城市景观格局
	惠州惠环片区城市更新设计	①土地利用进行整体规划，对片区内各用地主体功能进行梳理和二次配置，突出各区域的用地功能；②降低日常机动车出行需求，缩短出行距离；发展慢行交通，鼓励绿色低碳的出行方式；③产业发展向低碳产业转型；④生态优化，城市生态空间以建筑、道路绿化和绿地为主
	济南城市更新	①优化能源结构，推进清洁能源替代。提升能源效率，推进节能减排，提高城市碳汇能力。②推进循环经济，实现资源高效利用。深入实施园区循环化改造，推动产业园区内部物质流、能量流、信息流等要素循环利用，形成产业链闭环。③引导绿色消费，培育绿色生活方式。引导居民选择低碳出行方式，鼓励居民使用可再生材料制品和可回收物品
	雄安新区低碳绿色新城	①出台相关法规，以碳定人定产；②低碳化承接北京的非首都功能疏解，打造绿色低碳的产业体系；③推进街区制社区，建设绿色出行友好型交通系统；④推进能源转型，构建智慧、低碳的能源体系；⑤严格管控水资源消耗总量和强度，打造生态农业示范区
微观尺度	景德镇彭家上弄酒店和陶瓷工业博物馆	80%以上的留、改及小部分的拆违、新建，将其改造更新为集文化展示、酒店、商业等于一体的城市公共空间
	保定古城保护更新	确定产业与文化、民生与品质、环境与低碳三大目标。据此，确定不同用地的保护、修缮、整治、生态修复和极少量拆除更新的分类更新措施，根据更新潜力和适宜性评估，以“针灸式”重点更新片区
	福州烟台山乐群路城市微更新	根据“低干预、高效益、可持续”的原则设计，对具有历史价值的建筑进行保留修复，恢复建筑风貌，增加建筑的功能多样性和商业价值；无历史价值的建筑拆除，建造新的建筑；优化改善街道空间
	上海蕰藻浜滨江公共空间示范段	设计“15分钟社区生活圈”，优化和升级了滨江片区的公共空间功能，结合了蕰藻浜的历史文化，通过景观桥、水岸平台等装置，展现了宝山母亲河的魅力和生态

第三节　绿色低碳导向的城市更新设计原则

一、空间塑造，区域协同

（一）用地为主兼顾开发

进行全面系统的调查评估，确定主要更新对象和分类更新措施。按禁止开发、限制开发、适度开发的分类原则，划分生态保护红线、永久基本农田、城镇开发边界等，明确各类区域的功能定位、开发强度和保护措施。

（二）推广高品质绿色城市空间建设

建设高品质绿色园区、社区，提高建筑的安全、健康、宜居、便利性，增进民生福祉。推动超低能耗、近零能耗园区和社区建设规模持续增长，推广装配式建筑和绿色建材，推动可再生能源应用和建筑电气化工程。

（三）推进区域建筑能源协同

以城市和乡村为单元，优化区域内的能源供需结构，促进能源互联、互通、互补。推动区域内的多能互补和多能联供，提高区域内的能源利用效率和可靠性。

二、生态优先，保护文脉

（一）坚持生态优先，推动城市绿色低碳转型。

在城市更新中，贯彻落实绿色发展理念，打好污染防治攻坚战，优化能源利用和排放结构，加速推进绿色低碳化进程。推动既有建筑绿色化改造，在提升居民居住水平的同时，提高建筑的能源使用效率；在城市更新中增加绿地公园、绿色环保设施，扩展城市绿色生态生活空间；优化、整合各类社区建设标准，打造面向碳中和的绿色低碳居住社区。

（二）坚持历史文化保护，塑造城市特色风貌

在城市更新中，尊重历史、顺应自然、因地制宜、突出特色，保护传承城市的历史记忆和文化遗产。从“拆改留”到“留改拆”，尽可能多地保留建筑的构件和材料，进行适应性改造，保证建筑的安全性和使用性，同时节约资源和能源。以文化价值尺度考量“留改拆”，少而准地拆危、拆违，拆“建”留“材”，传承城市记忆与历史文化。

三、公交主导，创新引领

（一）坚持以公共交通为主导，优化城市道路交通结构

在城市更新中，加强公共交通系统的规划建设和运营管理，提高公共交通的覆盖率、可达性、便捷性和舒适性，增加公共交通的出行比例；推动公共交通向清洁能源转型，大力发展轨道交通、电动汽车、氢能汽车等低碳出行方式；鼓励慢行出行，完善步行和自行车出行设施，提升慢行出行的安全性和舒适性；合理控制机动车保有量和使用强度，引导机动车出行向绿色低碳转变。

（二）坚持以创新驱动为引领，提升城市道路交通技术水平

在城市更新中，加快推进智能网联汽车、智能驾驶、智能信号控制、智能停车等新技术、新产品、新模式的研发应用，提高城市道路交通的智能化水平；加强节能环保新技术、新设备、新材料、新工艺等方面的标准制定和推广应用，提高城市道路交通的节能环保水平；加强城市道路交通数据采集、分析、共享和利用，提高城市道路交通的数据化水平。

（三）坚持以管理优化为支撑，提升城市道路交通服务质量

在城市更新中，完善城市道路交通规划管理机制，强化顶层设计和统筹协调，形成绿色低碳发展的政策体系和法规制度；完善城市道路交通运营管理机制，强化绩效考核和监督评价，形成绿色低碳发展的激励约束机制；完善城市道路交通安全管理机制，强化风险防范和应急处置，形成绿色低碳发展的安全保障机制。

四、景观优化，展现风貌

（一）坚持生态优先，保护和恢复城市生态系统

在城市更新中，充分考虑城市的自然基础和生态功能，保护城市的山、水、林、田、湖、草等自然要素，增加城市的生物多样性和生态连通性。利用生态理念和生态手段解决城市的水涝、热岛、空气污染等问题。以生态为基础、以功能为导向，塑造活力公园景观，提供多样化的休闲空间和服务设施。

（二）坚持文化传承，塑造和展示城市特色风貌

在城市更新中，尊重和保护城市的历史文化遗产和记忆，延续城市的风土人情和地域特色；结合场地特点和功能需求，创新景观设计手法和表现形式，打造富有魅力和辨识度的景观空间；利用景观元素和艺术手法，讲好城市故事，传承城市精神，增强城市的文化自信。

（三）坚持低碳创新，推动城市景观技术进步

在城市更新中，注重低碳环保，如太阳能、风能、木塑复合材料、LED节能灯等新型材料的应用，提高景观设计的绿色技术水平。加强城市景观绿化数据采集、分析、共享和利用，提高城市景观绿化的智慧水平。加强维护管理。制定科学的维护管理技术标准和操作规范，提高景观工程的运营维护水平，确保城市环境的长期稳定和可持续发展。

（四）完善景观绿化规划管理体制，强化顶层设计和统筹协调

在城市更新中，形成绿色低碳发展的政策体系和法规制度，完善城市景观绿化运营管理体制机制。定期进行绿化规划，在对绿化区域进行调查和研究的基础上，确定合适的绿化景观维护提升方案，实现绿化景观与城市发展的有机结合。

五、建筑节能，科技降碳

坚持绿色发展，和谐共生。在城市更新中，建设高品质绿色建筑，提升建筑的安全、健康、宜居、便利性能，提高节能节材建设标准。

坚持聚焦碳达峰，降低碳排放。在城市更新中，提高建筑能效水平，优化建筑用能结构，合理控制建筑领域能源消费总量和碳排放总量，推动建筑碳排放实现“双碳”目标。

坚持因地制宜，统筹兼顾。在城市更新中，根据区域发展战略和各地发展目标，确定建筑节能与绿色建筑发展总体要求和任务，以城市和乡村为单元，兼顾新建建筑和既有建筑，形成具有地方特色的区域建筑发展格局。

坚持双轮驱动，两手发力。在城市更新中，完善政府引导、市场参与机制，加大规划、标准、金融等政策引导，激励市场主体参与，规范市场主体行为，让市场成为推动建筑绿色低碳发展的重要力量。

坚持科技引领，创新驱动。在城市更新中，聚焦绿色低碳发展需求，构建以市场为导向、企业为主体、产学研深度融合的技术创新体系，加强技术攻关，补齐技术短板，注重国际技术合作，促进我国建筑节能与绿色建筑创新发展。

六、指标引导，数据支撑

坚持约束性与引导性相协调，把约束性和引导性作为构建城市低碳发展指标体系的根本着力点，突出约束性指标的管控作用，聚焦产业、能源、节能、交通和环境等重点领域引导性指标，发挥指标对产业、行业低碳发展的引领导向作用，实现管控与发展的良性互动。

坚持科学性与可行性相一致，把准确性和在地性作为制定城市低碳发展指标的根本出发点，尽量保证数据的可获得性和可比性，概念清晰、内涵明确，准确量化城市低碳发展理念、水平及治理能力，为科学决策提供客观依据。

第四节　绿色低碳导向的城市更新设计特点

以生态优先为基础，优化城镇空间结构，加强生态环境保护和修复，构建绿色城镇、绿色社区，保护城市生物多样性。

以文化传承为目标，合理保护和利用历史文化遗存，延续城市基因和风貌，倡导低影响、低冲击的更新模式，保护城市特色。

以公共交通为导向，拉近公共服务设施距离，减少机动车出行数量，完善绿色安全的低碳交通设施，建设便捷可达的公共交通系统。

以社区建设为抓手，建设集成各类技术的绿色低碳园区，注重绿色低碳的建筑建造，推广超低能耗、零净能耗建筑，因地制宜发展装配式建筑，鼓励绿色建材使用。

以循环经济为支撑，推动资源高效利用和再生利用，减少废弃物产生和排放，提高资源利用率和循环率。

以科技创新为动力，加强绿色低碳技术的研发和推广，促进新能源、新材料、新工艺等技术在城市更新中的广泛应用。

第四章

绿色低碳导向的城市更新设计方法体系构建

第一节　绿色低碳导向的城市更新方法体系构建

2020年9月，习近平主席在第七十五届联合国大会上指出：我国力争2030年前实现碳达峰，2060年前实现碳中和。为了贯彻落实习近平总书记“人民城市人民建，人民城市为人民”的宏伟目标，我国城市更新的绿色低碳发展十分重要。从我国既有绿色低碳城市更新理论与实践来看，普遍存在城区动态演变方面研究较少、减碳固碳指引缺少因地制宜的差异化处理、缺乏系统化的“城市更新要素—碳排放”关联性研究、节能减排指引多为微观层面等问题。本书通过探讨我国城市更新设计在更新前期准备、设计过程指引、项目实施引导等方面的绿色低碳方法与路径，为我国“双碳”目标下的城市更新发展提供理论依据和技术支持。

本书通过对超过200个不同类型的优秀城市设计案例样本采用碳排放数据清单核算、折算、分解等方法进行碳排放计量，进行系统化的“城市更新设计要素——碳排放”关联性研究，针对不同类型特征的城市更新项目构建差异化的绿色低碳设计约束标准和评价指标体系，进而得出分类型、分层级的城市更新绿色低碳设计指引。

一、流程维度：多专业协同、全周期协调的设计流程

（一）多专业、全周期、可操作的设计流程

城市更新设计具有全局性和整体性的特点，也具有关联性和持续性的特点，在规划过程中需要增强城市设计各环节规划要素之间的有机联系，进行全局性、整体性的谋划和落实，进而实现设计项目在不断演变的历史进程中持续焕发生命力的目标。

设计流程的多专业性是指以制度化引领和多部门协同为基础，进行多专业融合，为城市更新设计编制、管理与实施提供支撑。城市更新设计贯穿于国土空间规划编制与实施全过程，与各级各类规划工作密切衔接。同时，在开展城市更新设计编制工作时，会涉及建筑、景观、交通、生态等各专业领域，需要与不同专业领域的专家交流和研究，依托理论和实践研究探讨城市更新设计在设计综合、统筹实施、政策设计等方面的运作方式。

设计流程的全周期性是指以规划引导、建设支撑、管理协调为主要导向，实现城市更新设计全要素、全过程的全周期管理。通过对主体、内容、形式、层级等要素的整体

统筹和全过程协调，强化设计过程中风险驾驭的弹性和张力，解决各类难题并高效化解危机。考虑不同设计项目主体的结构差异、不同时期的发展要求以及不同阶段的工作内容，实现全周期安排和过程性管理的措施。

设计流程的可操作性关系到更新项目最终是否可以落地，城市设计走向可操作性实际上就是城市设计公共政策化的专业技术过程。目前，总体城市设计缺少与城市建设工作的主动对接，缺少对行动计划的重视。因此，城市更新设计流程需关注阶段性的提升和成果，不要终极蓝图，要可分解、可实现，着眼于与政府步调相辅相成的、城市空间调整改善的过程，从而，随着行动的滚动实施，城市空间与环境能够逐步向“理想状态”逼近。

（二）全过程、整体性的设计方法体系

绿色低碳导向的城市更新设计构建全过程、整体性的设计方法体系，涵盖前期准备、制定方案、设计过程、实施引导四方面内容。在中国城镇化进入存量时代大背景下，本书涉及城市更新设计的各个设计流程，辅以典型案例介绍具体设计方法，为城市更新的参与者和推动者提供绿色低碳发展方向的借鉴与参考。

相比于新建项目，城市更新项目本身及周边条件更为复杂，因此项目的前期准备工作至关重要。在前期准备阶段，通过城市更新现状研究、相关资料收集、项目评估策划、绿色低碳方案制定等方面的工作，从专业角度帮助业主完成对城市更新项目的综合分析，形成针对项目的基础认知，也为正式开展规划设计工作奠定技术基础。

制定出绿色低碳方案时需明确绿色低碳设计导向、构建绿色低碳指标体系、提出绿色低碳设计的主要策略。结合城市更新项目的自身特点、所在片区的建设现状、场地及周边的其他因素，合理确定绿色低碳设计导向；结合城市更新项目自身特点与业主意愿，选取适当的绿色低碳技术指标对设计方案进行引导。城市更新项目的绿色低碳设计策略应以科学性、动态性、可操作性为原则，针对项目现状和“留改拆”措施，分区分类提出策略。

在充足的前期准备和相关绿色低碳城市更新设计方案制定后，需要对项目的设计过程提供适当的设计指引。根据城市更新项目所在地的城市体检报告结果，城市更新设计人员需要从街区层面全面了解项目的现状，结合问题导向和目标导向，运用城市设计理念和方法，系统地提出相关设计指引，包括空间结构、文化脉络、道路交通、景观绿化、低碳设施、应用技术、建筑改造七个方面的内容，从而指导后续的设计工作，以落实上位政策、规划要求等。

对设计项目实施引导是城市更新中的重要一环，因城市更新项目的开发周期较长，且易受到政策、资金、土地、产权等诸多不确定因素影响，需要从建设运营角度统筹考

虑项目的开发时序，制定分时序的实施计划。同时，应根据城市更新项目所处的阶段组织不同形式的公众参与，搭建促进多方交流的互动平台，有助于共同推动城市更新项目顺利实施。

二、技术维度：分类型管控、系统化指引的技术方法

（一）分类型、整系统、强关联的技术方法

在城市更新设计中制定技术方法时，根据城市更新设计项目的不同，需要制定不同类型管控措施。更新设计中技术方法的各要素之间要有很强的关联性，需要相互协调和支持，从而对城市更新项目进行系统性引导，形成良好的整体效果，以实现城市更新的整体目标。分类型、整系统、强关联的技术方法能够在绿色低碳导向的原则下，实现城市的可持续发展。通过综合考虑技术方法中各要素之间的相互关系和相互作用，可以优化城市环境和资源利用效率。

（二）轻重有序的城市更新“要素—碳排放”关联

绿色低碳导向的城市更新设计技术方法是以减少碳排放为核心目标的城市更新战略。城市更新设计存在不同类型的规划设计要素，包括土地利用、建筑结构、交通规划、能源利用、绿化布局、公共设施、人口密度等，不同类型的要素对碳排放有着不同程度的影响。因此，在规划设计的全过程中，城市更新要素与碳排放之间需要建立轻重有序的关联，并根据其影响程度进行有序的处理和规划。通过轻重有序的城市更新“要素—碳排放”关联的技术方法的构建，实现城市更新的绿色低碳目标，促进可持续发展奠定坚实基础。

（三）分类管控的绿色低碳城市更新技术集成

绿色低碳导向的城市更新技术集成是指在城市更新过程中，采用一系列符合绿色低碳理念的技术手段，综合应用各类资源和技术，实现城市功能、生态环境、资源利用效率及人居条件的全面改善。在绿色低碳城市更新的过程中，我们面临各种不同类型的更新设计，包括空间布局优化、公共服务设施更新、建筑更新等，每一种都需要不同的更新技术方法。其中空间布局优化需要考虑城市的整体结构、交通网络、基础设施等因素。建筑更新是城市更新的核心部分，涉及大量的老旧建筑和历史建筑，这需要使用一些特殊的技术和方法，如绿色建筑材料、绿色建筑的设计和运营等。因此，我们也需要考虑不同类型更新设计的特殊性和复杂性，以实现最佳的城市更新效果。

（四）系统集成的绿色低碳城市更新方法指引

系统集成的绿色低碳导向的城市更新方法指引是一种以整体思维和综合方法为基础的城市更新设计指南，旨在通过最优化资源利用和环境保护，实现城市发展与环境可持续发展的有机结合，它涵盖空间结构、文化脉络、道路交通、景观绿化、服务设施、技术应用、建筑改造七个方面的内容。在规划设计时采用多学科、多层次的方法，将城市更新的各项内容进行整合和协调。首先，需要进行全面的评估和分析，了解城市现状并确定发展方向。其次，根据评估结果，制定出具体的目标和策略，并编制出综合性的更新规划。在具体实施过程中，需要考虑土地利用、交通、建筑、能源等多方面的影响与制约。

三、层级维度：分层级延伸、上下级衔接的方法层级

（一）从宏观到微观的延伸与衔接

绿色低碳导向城市更新设计方法不仅需要与指标体系衔接，从宏观到微观的延伸与衔接也是至关重要的。这种层级构建概念旨在确保城市更新项目在各个尺度及层级上有机衔接，从整体到局部、从战略规划到具体实施，以实现绿色低碳城市的目标。

在宏观层面，城市更新方法的延伸与衔接涉及战略规划和总体方案的制定。这包括城市整体发展规划、土地利用结构调整、功能布局优化等。在这一层次上，需要考虑资源利用、环境保护和社会经济可持续发展等方面，以确保城市更新项目与国家和地区的长远发展目标相一致。

在中观层面，城市更新方法的延伸与衔接涉及城市建设和基础设施规划。这包括空间结构的优化、道路交通的规划、服务设施的系统规划等。在这一层次上，需要考虑城市的可达性、资源利用效率和环境影响等因素，以实现绿色低碳的城市基础设施和城市环境建设。

在微观层面，城市更新方法的延伸与衔接涉及具体建筑和公共空间设计。这主要涉及技术应用、建筑改造、景观绿化三方面内容，包括新技术的应用、建筑节能设计、绿色建筑材料应用、景观设计等。在这一层次上，需要考虑建筑的能耗减排、生态系统保护和人居环境质量等因素，以实现城市更新项目的绿色低碳目标。

（二）宏、中、微观设计方法概述

绿色低碳导向的城市更新是一种面向可持续发展的设计方法，通过在宏观、中观和微观层面上采取相应的策略和措施，来实现城市环境的优化与改善。

首先，在宏观层面上，绿色低碳导向的城市更新需要进行整体规划和战略性决策。

这包括制定可持续发展目标和指标、建立城市更新的长期规划，以及促进不同领域的协调和合作。在此基础上，需要考虑进行土地利用的优化，增加绿地和生态保护区，促进城市生态系统的健康发展，考虑城市能源系统的优化，包括推广清洁能源和能源效率改进，并鼓励低碳出行方式，如公共交通和非机动车出行。

其次，在中观层面上，绿色低碳导向的城市更新需要进行区域性和街区级的设计。这包括重新规划和更新老旧工业区和城市边缘区，以提升其环境质量和功能。在空间结构优化方面，需要设计人性化的城市空间，鼓励居民步行和骑行，推动交通的绿色规划。在建筑设计方面，需要采用节能和环保的技术，如建筑隔热、太阳能利用和雨水收集等，来减少能耗和碳排放。

最后，在微观层面上，绿色低碳导向的城市更新需要考虑个体建筑和社区的设计和改造。这包括在设计过程中注重可持续性和生态性，选择适合当地气候的建筑材料和技术，以及提供舒适的室内环境。同时，需要鼓励社区居民参与城市更新的过程，增强他们的环保意识和责任感。

四、中微观绿色低碳城市更新方法体系构建

（一）中微观城市更新碳排放清单编制和碳排碳汇核算

1. 中微观城市更新碳排放清单范围界定

由于经历了快速城镇化阶段，部分城市更新区域存在建筑设备能耗高、效率低，配套设施较弱，环境景观与道路交通不适配等问题，导致更新区域产生较高的碳排放量，因此更新区域的绿色低碳设计对于实现“双碳”目标有重要意义。中微观城市更新指的是在城市更新中相对较小尺度的区域或地块级别的更新。中微观城市更新的尺度范围通常在几公顷至几百公顷之间，包括居住、办公、商业、道路、绿地等混合功能，在个体建筑和城市区域之间发挥中间尺度的协调作用。一般以建筑为城市更新核心，以配套设施、道路交通、绿地景观等为更新重点。

本书中涉及项目的碳排放清单范围，分别以项目设计开始年和项目实施结束年作为碳排放核算年。碳排放核算是将各类产品在生产、加工、使用、废弃的过程中产生的温室气体排放进行定量化统计，以此来判断其对环境的影响程度。

2. 中微观城市更新碳排碳汇核算目标制定

在核算目标方面，主要包括联合国政府间气候变化专门委员会（IPCC）范围界定下的区域内产生的直接排放、由区域内活动引起的但在区域外产生的间接排放、由区域活动产生的但在各区域之间或区域外发生的关联排放三大类（表4-1-1）。

碳排放清单核算目标界定 表4-1-1

排放范围	范围活动
核算范围1 直接排放：在区域内产生	• 区域内的直接能耗（工业、取暖、制冷、发电、基础设施等使用的燃料）； • 区域内交通运输； • 区域内土地利用和废弃物管理
核算范围2 间接排放：由区域内活动引起的但在区域外产生的排放	• 从外输入供区域内使用的电力和供热
核算范围3 关联排放：由区域活动产生的但在各区域之间或区域外发生的排放	• 区域之间的交通运输； • 送往区域外填埋区的区域内废弃物

在目标导向方面，参考IPCC碳排清单，在规划设计层面总结出绿色低碳城市更新区域的七个关键维度，即建筑运行、交通通勤、废弃物、给水排水、照明、可再生能源和碳汇等。通过研究绿色低碳导向系统技术集成和关键维度的内在关联，提炼城市更新规划设计七大关键要素，即空间结构、文化脉络、道路交通、景观绿化、服务设施、应用技术、建筑改造七个方面。

3. 中微观城市更新碳排碳汇核算数据结构细化

本书选取IPCC（2019）最新公布的《IPCC 2006年国家温室气体清单指南（2019年修订版）》作为城市更新区域碳排放清单构建的参考依据。由于中微观城市更新区域往往相对独立且功能多样，因此通过分析其碳足迹的运行轨迹以及与能源、产业、建筑、交通、废弃物等IPCC各生产部门之间的联系，进一步向城市消费端的分类模式转化，构建符合城市更新规划设计逻辑的中微观区域维度的碳排放清单框架。

碳排碳汇核算数据结构细化主要包括两个层面的内容,一是基本参数本地化，二是能源需求数据结构细化。基本参数本地化的主要任务是根据《中国能源发展报告2019》得到各种能源折算为标准煤的系数（表4-1-2）以及计算各能源的二氧化碳排放因子（表4-1-3）等。

标准煤系数折算 表4-1-2

项目	煤炭	焦炭	汽油	煤油	柴油	燃料油	液化石油气	天然气	热力	电力
单位	kg	kg	kg	kg	kg	kg	kg	m^3	MJ	kWh
折算值（千克标煤）	0.714	0.9714	1.4714	1.4714	1.4571	1.4286	1.7143	1.2143	0.03412	0.3

二氧化碳排放因子　　表4-1-3

能源	二氧化碳排放因子	单位	能源	二氧化碳排放因子	单位
原煤	1.9803564	t/t	燃料油	3.2391900	t/t
焦炭	3.0482100	t/t	液化石油气	1.7519600	t/t
汽油	3.0201200	t/t	天然气	2.1867280	kg/m^3
煤油	3.0991800	t/t	热力	0.0700000	t/GJ
柴油	3.1630400	t/t	电力	0.8578000	kg/kWh

能源需求数据结构细化的主要任务是根据主要能源消费活动，将能源消费分为建筑、生产和交通三部分。其中生产包括农业和第二产业，第三产业部分全部隶属于建筑。建筑主要包括住宅建筑和公共建筑。交通包括城市客运、城际客运和货运三部分。以交通行业能源消费结构为例，如表4-1-4所示。

交通行业能源消费结构　　表4-1-4

一级分支	二级分支	活动水平	单位
交通	城市客运	小汽车	车公里
		公交	车公里
		地铁	车公里
		出租	车公里
		绿色出行	车公里
	城际客运	航空	运送旅客人次（人次）
		铁路	年发送量（人次）
		公路	年发送量（人次）
	货运	航空	运送货物量（t）
		铁路	运送货物量（t）
		公路	运送货物量（t）

注：来自《中国能源发展报告2019》。

4. 中微观城市更新碳核算清单建立

将空间结构、文化脉络、道路交通、景观绿化、服务设施、应用技术、建筑改造七个方面与《IPCC 2006年国家温室气体清单指南（2019年修订版）》进行关联，可以完成IPCC碳排放清单向中微观城市更新区域碳排放清单的转化，由此建立了IPCC温室气体排放清单与城市更新规划设计体系的紧密衔接的碳核算清单（图4-1-1）。

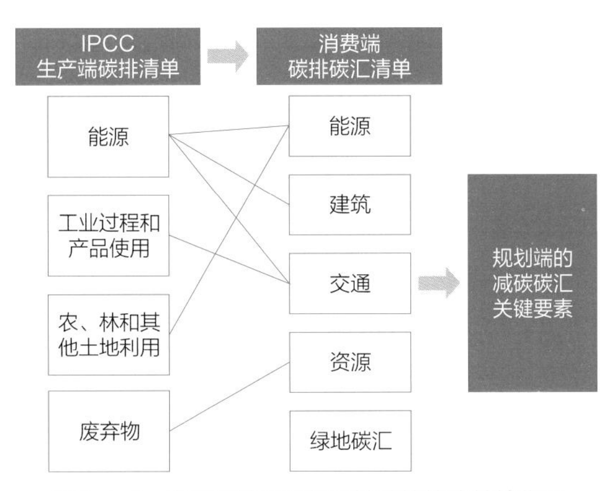

图4-1-1　中微观城市更新区域碳核算清单转化图

综上所述，中微观城市更新各相关碳排放计算公式如下：

区域碳排放总量=建筑+交通+废弃物+给水排水+照明-可再生能源-碳汇，即

$$E=E_1+E_2+E_3+E_4+E_5-E_6-E_7$$

式中，E代表区域碳排放总量（tCO_2/a），E_1代表了建筑碳排放量（tCO_2/a），E_2代表交通碳排放量（tCO_2/a），E_3代表废弃物碳排放量（tCO_2/a），E_4代表给水排水碳排放量（tCO_2/a），E_5代表区域照明碳排放量（tCO_2/a），E_6代表可再生能源减碳量（tCO_2/a），E_7代表碳汇减碳量（tCO_2/a）。

（二）中微观城市更新“要素—碳排放”关联概述

在绿色低碳城市更新中，关注城市更新的“要素—碳排放”关联至关重要。这要求我们在城市更新过程中要细致地审视各个要素对碳排放的影响，以降低碳排放为设计目标。

以下是中微观城市更新中与碳排放密切相关的要素。

绿色建筑和能源利用：在中微观城市更新过程中，推广绿色建筑技术是降低碳排放的关键。通过合理的建筑设计和材料选择，可最大限度地减少能源消耗、提高能源利用效率，并采用可再生能源替代传统能源，从而降低二氧化碳排放量。

交通规划和非机动交通：中微观城市更新应将交通规划视为至关重要的一环。通过合理的道路设计和城市布局，可以减少机动车辆使用，倡导非机动交通方式。通过建设便捷的步行和骑行系统，推广公共交通工具的使用，有效减少交通拥堵和尾气排放。

绿地和植被覆盖：在中微观城市更新中增加绿地和植被覆盖，对吸收大气中的二氧化碳、提高空气质量、减少热岛效应等具有重要作用。通过扩大绿地面积和植被覆盖率，可以进一步减少碳排放，提高城市整体的生态环境质量。

废弃物管理和资源循环利用：在中微观城市更新中，合理的废弃物管理和资源循环利用也是减少碳排放的重要手段。通过建立有效的废弃物分类和处理系统，实现垃圾的减量化和资源化利用，从而减少因垃圾填埋和焚烧而导致的碳排放。

社区参与和公众意识提升：中微观城市更新要充分考虑居民的需求和意识。通过加强社区参与，提高公众对绿色低碳理念的认知和支持，促进居民采取低碳生活方式，如节约能源、减少废弃物、选择可持续出行方式等，进而降低碳排放。

这些要素共同构成了中微观城市更新中与碳排放紧密关联的关键因素。通过在城市更新中采纳绿色低碳的设计理念和措施，可以有效减少碳排放，改善城市环境，提升居民生活质量。

（三）中微观城市更新设计方法概述

中微观城市更新是指在城市更新过程中，对具体地块或片区进行规划和设计，以实现城市功能提升、空间优化和环境改善的目标。它是城市更新中的重要组成部分，通过对土地资源、功能需求和环境条件等因素的综合考虑，提出合理的设计方案，以满足城市更新的目标和需求。在中微观城市更新的设计过程中，需要综合考虑以下多个方面的因素。

土地资源利用与配置：对中微观城市更新设计来说，合理利用和配置土地资源是关键，包括对地块的功能定位、地形地貌的合理利用、地块容积率和建筑密度的控制等。设计应根据土地资源的特点和城市更新的目标，合理确定土地的利用方式，以实现土地资源的最大化利用和功能的合理配置。

城市功能提升：中微观城市更新的设计也需要考虑如何提升城市功能。这包括对不同功能区域的规划和布局，以及功能之间的协调和互动。设计应根据城市的功能需求和更新的目标，合理规划和设计各功能区域，以提升城市的整体功能和吸引力。

环境改善与生态保护：在设计过程中，需要注重环境改善和生态保护，包括对水资源、绿化空间、生态系统等方面的考虑。设计应充分利用绿色技术和手段，提高城市的生态效益，保护自然环境，提升居民的生活质量。

城市交通与交通设施：中微观城市更新设计还需要考虑城市的交通问题。这包括对交通网络的规划和布局、交通流量的控制与疏导，以及交通设施的建设。设计应根据城市的交通需求和更新的目标，合理规划和设计交通系统，以提供便捷、高效、环保的交通服务。

综上所述，中微观城市更新设计应根据城市的特点和更新目标，结合绿色技术和手段，提出合理的设计方案，以实现城市更新的目标和需求。

（四）中微观绿色低碳导向的城市更新设计方法概述

中微观绿色低碳导向的城市更新是在中微观城市更新的基础上，进一步注重环保和可持续发展的要求，在设计过程中采取低碳技术和策略，减少对环境的影响，提高资源利用效率。以下是中微观绿色低碳导向的城市更新的设计方法概述。

1. 多学科综合考虑

中微观绿色低碳导向的城市更新设计需要综合考虑多个学科领域的知识和技术，包括城乡规划、建筑设计、交通规划、景观设计等。综合考虑这些专业领域的知识，设计团队能够形成共同的愿景和目标。例如，通过智能城市技术的整合，可以实现能源使用的实时监测和管理，从而优化城市能源效率。

2. 资源节约和循环利用

设计应注重资源的节约和循环利用。在建筑设计方面，采用节能材料和技术，提高建筑能源利用效率。在土地利用方面，减少土地资源浪费，提倡集约化土地利用。同时，对废弃或闲置的工业用地进行再生利用，将其转变为具有环保特性的空间，促进城市更新的可持续性。此外，城市更新项目还应该考虑废弃物的分类和处理系统，推动废弃物的资源化利用，最终降低碳排放。

3. 绿色建筑设计

绿色建筑设计是中微观绿色低碳导向的城市更新设计的重要组成部分。通过采用节能材料、改善建筑隔热性能、增加自然通风和采光等措施，可以降低建筑能耗和碳排放。此外，还可以通过利用可再生能源，减少对传统能源的依赖。绿色建筑设计的目标是在满足人们的生活和工作需求的同时，减少对自然资源的消耗和环境的影响。

4. 低碳交通规划

中微观绿色低碳导向的城市更新设计应注重改善交通系统的低碳化水平。这可以通过改善公共交通网络、增加公共交通工具的使用率来实现。此外，还可以鼓励居民使用非机动交通工具，以减少对私家车的依赖。同时，应优化道路设计，减少交通拥堵和能源浪费。通过这些措施，可以降低交通能耗和碳排放。

5. 景观设计与生态服务

中微观绿色低碳导向的城市更新设计应注重景观设计和生态服务功能的提升。通过合理地布局、设计绿地、公园和自然保护区，可以为人们提供休闲娱乐的场所，提高城市环境质量。此外，还可以通过植被的选择和管理，实现城市生态系统的恢复和保护。

这些方法可以根据具体的城市更新项目的需求和条件进行定制和组合使用。此外，技术创新和跨学科的合作也是推动中微观绿色低碳导向的城市更新设计方法发展的重要因素。

第二节　绿色低碳导向的城市更新设计评价指标体系构建

一、评价体系构建的目标与意义

（一）评价体系目标

本节以前述章节为基础，提出具备相应引导性指标的绿色低碳导向下城市更新评价指标体系，涵盖三个阶段七个方面。以绿色低碳城市更新的目标、问题、可操作性为导向，从宏观与微观两个层面进行评价指标体系构建，科学、量化地评判规划设计成果的空间结构、文化脉络、道路交通、景观绿化、服务设施、应用技术、建筑改造等七个维度，形成以绿色低碳为导向的策略指引与设计方法。结合规划与建筑设计现状资料与数据，定量化评估城市更新的绿色低碳成效，全方位实现空间共享、功能兼容、扩容增绿、小微更新的绿色低碳目标，是后续编制城市更新绿色低碳指引、指导下一步城市更新实施改进的必要步骤。

（二）评价体系意义

通过对若干不同类型的优秀城市更新实施样本进行绿色低碳评价，进而得出针对绿色低碳薄弱环节的解决措施和方法指引，探讨我国城市更新设计在前期准备、设计过程指引、项目实施引导等方面的绿色低碳方法与路径，为我国“双碳”目标下的城市更新发展提供理论依据和技术支持。

第一，绿色低碳导向的城市更新设计指标体系是绿色低碳城市更新、设计、施工、验收、考核评价和运行管理的重要手段与工具，是建设绿色低碳城市的量化目标，为城市更新发展指明方向。

第二，明确绿色低碳导向的城市更新关键约束标准，并将关键评价指标成果转化为其他规划设计研究、控制标准和示范应用等的重要参考。

第三，对各城市更新编制和实施案例进行绿色低碳导向的城市更新评价，进行案例间的横向对比和设计过程的纵向对比，使绿色低碳导向的城市更新过程可测量和可监控，并在管理决策方面明晰发展方向。

二、国内外既有评价指标体系综述

（一）宏观层面既有评价指标体系综述

在宏观层面，国外绿色低碳导向的城市更新设计评价指标体系主要关注城市整体规划、政策环境和战略目标方面，以确保城市更新项目在推动绿色低碳转型方面取得可观成效。目前国外已经有几套比较成熟的指标体系（表4-2-1）。

宏观层面国外绿色低碳评价指标体系　　表4-2-1

序号	名称	发布组织	指标
1	城市可持续发展——关于城市服务和生活品质的指标	国际标准化组织（ISO）	包含多个方面的指标，涵盖城市更新项目中的能源使用、废物管理、交通系统、土地利用等内容
2	可持续发展指标体系CSDIS	联合国可持续发展委员会	内容全面系统，涉及社会、经济、环境、机构等方面
3	绿色城市指数（The Green City Index）	经济学家	包含水资源、能源、空气质量、交通运输、土地利用、建筑等方面指标

这些指标体系在宏观层面上提供了一套综合性的评价方法，帮助城市决策者制定绿色低碳导向的城市更新政策和目标，引领城市朝着可持续和低碳的方向发展，并为城市更新提供指导，确保绿色低碳转型在整个城市层面取得实质性的进展。

与之相对比，国内宏观层面绿色低碳导向的城市更新设计评价指标体系在近年来逐渐发展，并促进城市更新项目在可持续性和环境友好方面取得良好成果。表4-2-2是国内主要的指标体系。

宏观层面国内绿色低碳评价指标体系　　表4-2-2

序号	名称	发布组织	指标
1	中国生态城市建设发展报告	中国社会科学院	以绿色发展、循环经济、低碳生活、健康宜居为理念，以服务现代化建设、提高居民幸福指数、实现人的全面发展为宗旨，对全国地级市进行全面考核
2	中国城市绿色低碳指标体系	中国社科院生态文明研究所	包括了宏观、能源低碳、产业低碳、生活低碳、环境低碳、政策创新等
3	天津中新生态城指标体系	天津市政府	从生态环境健康、社会和谐进步、经济蓬勃高效三个方面构建了22条控制性指标和4条引导性指标体系

国内宏观层面的评价指标体系为中国的城市更新项目提供了指导和参考，促进了城市的可持续发展和低碳化转型。随着这些指标体系的不断完善，国内城市更新项目将更加注重环境友好和资源节约，为可持续城市建设作出贡献。

（二）中微观层面既有评价指标体系综述

国外在中微观层面绿色低碳导向的城市更新设计评价指标体系关注具体的项目规划、建筑设计和技术应用等方面，以确保城市更新项目在能源效率、碳排放减少、自然资源管理等方面取得良好成果。中微观层面国外绿色低碳评价指标体系见表4-2-3。

中微观层面国外绿色低碳评价指标体系　　表4-2-3

序号	名称	发布组织	指标
1	LEED社区开发体系（LEED-ND）	美国绿色建筑委员会（USGBC）	关注城市更新项目在建筑设计和施工过程中的低碳措施，如高效的能源利用、可再生能源的使用、节水设备和系统的安装等
2	BREEAM Communities	英国建筑研究院（BRE）	关注城市更新项目中的建筑设计和技术应用方面的绿色低碳要求，例如，采用环保材料和技术，减少碳排放和能源消耗
3	绿色之星评估体系（Green Star-Communities）	澳大利亚绿色建筑委员会（GBCA）	注重城市更新项目中建筑设计和施工的绿色低碳要求，如采用可再生能源、高效能源系统和设备，实施节水措施
4	被动式节能标准（Passivhaus）	被动房屋研究所	广泛应用于建筑领域，也适用于城市更新项目中的建筑设计。要求建筑物具备极高的隔热性能、空气密封性和热桥效应最小化，以降低能耗和碳排放

这些指标体系在中微观层面为城市更新项目提供了具体的设计和技术要求，以确保项目在能源效率和碳减排方面取得显著成果。通过采用绿色建筑设计原则、先进的技术应用和持续的施工管理，城市更新项目可以实现更低的碳足迹，促进城市的绿色低碳转型。

与此同时，国内中微观层面绿色低碳导向的城市更新设计评价指标体系着重考虑具体项目规划、建筑设计和技术应用等方面，以确保城市更新项目在能源效率、碳排放减少、资源管理等方面取得良好成果。既有绿色低碳相关标准、导则、规程见表4-2-4。

这些国内中微观层面绿色低碳导向的城市更新设计评价指标体系为中国的城市更新项目提供了具体的设计和技术要求，重点关注建筑节能、资源管理和环境保护等方面。随着这些指标体系的不断完善和广泛应用，我们有望看到更多绿色低碳的城市更新项目在国内实施，为可持续城市建设作出贡献。

既有绿色低碳相关标准、导则、规程　　表4-2-4

序号	名称	主要指标
1	绿色建筑评价标准（GB/T 50378—2019）	该标准要求建筑物在节能、水资源利用、室内环境质量和材料选择等方面达到一定的绿色标准
2	公共建筑节能设计标准（GB/ 50189—2015）	关注建筑与建筑热工、供暖通风与空气调节、给水排水、电气、可再生能源应用等指标
3	健康住宅评价标准（T/CECS 462—2017）	关注空间舒适、空气清新、水质卫生、环境安静、光照良好、健康促进等指标

三、绿色低碳评价指标体系与设计方法的衔接

（一）绿色低碳评价指标体系与城市更新指标体系的衔接

绿色低碳评价指标体系是用于评估与环境保护和碳减排相关的因素的一套指标，而城市更新指标体系则是为评估城市更新项目或计划的可行性、效果和可持续性而设计的一套指标。绿色低碳评价指标体系和城市更新指标体系之间存在着紧密的衔接关系，可以通过综合考虑、交叉验证和相互补充的方式实现，有助于实现城市更新项目的可持续发展目标，促进城市的绿色低碳转型。

绿色低碳评价指标体系与城市更新指标体系可以从宏观、中观和微观层面进行衔接，以确保综合评价的全面性和准确性。其中：

（1）绿色低碳评价指标体系可以对整个城市的绿色低碳发展目标进行评估，包括空间结构、文化脉络、道路交通等方面。城市更新指标体系应该考虑绿色低碳评价指标体系所关注的要素，如合理布局、文化脉络保护与恢复、交通便捷性等。同时，城市更新项目也可以通过符合绿色低碳评价指标体系的要求来达到可持续发展的目标。

（2）绿色低碳评价指标体系可以对不同区域的城市更新项目进行评估，例如是否平衡地分布在城市各个区域，是否考虑了社会公正性和社区互动等因素。城市更新指标体系应该反映出这些要素，同时将其与绿色低碳指标相结合，确保城市更新项目能够在整个城市范围内实现绿色低碳发展。

总的来说，绿色低碳评价指标体系与城市更新指标体系之间的宏、中、微观衔接需要从不同层面考虑，并将绿色低碳指标与城市更新要素相结合，以实现可持续发展和绿色低碳目标。

（二）指标体系与绿色低碳评价指标体系的衔接

绿色低碳评价指标体系是对与环境保护和碳减排有关的各种因素进行评估和衡量的

一种体系，绿色低碳评价指标体系和绿色低碳指标体系之间存在着紧密的衔接关系。

通过绿色低碳评价指标体系可以明确绿色低碳发展的关键因素和各种影响因素之间的相互关系。在此基础上，设计出适用于实际情况的绿色低碳指标体系，可以更加精确地评估和衡量绿色低碳性能，并为制定相应的政策、规划和措施提供依据。

空间结构方面，绿色低碳评价指标体系的宏观衔接，可以从城市或地区整体角度考虑绿色低碳发展水平，包括整体能耗、碳排放、水资源利用等指标；可以通过对城市规划和土地利用进行指导，确保整体空间布局符合绿色低碳要求。文化脉络方面，绿色低碳评价指标体系的宏观衔接可以考虑文化脉络保护和传承的可持续性，避免对历史建筑、文化景观和传统社区的破坏；可以通过制定规范和准则，确保绿色低碳建设与文化脉络遗产的保护相协调。道路交通方面，绿色低碳评价指标体系的宏观衔接可以从整个城市或地区交通系统的角度评估绿色低碳出行方式的普及程度，包括公共交通的便捷性、非机动车道设施的完善以及减少个人汽车使用等；可以通过城市规划和交通规划，推动绿色低碳交通基础设施的建设。建筑改造方面，绿色低碳评价指标体系的宏观衔接可以考虑整个城市或地区的建筑改造需求和潜力，以确定绿色低碳建筑改造的重点区域和目标；可以通过制定政策和准则，推动大规模建筑改造项目的实施，例如鼓励能源效率提升、推广可再生能源利用等。

（三）指标体系与设计方法体系的衔接

绿色低碳评价指标体系与城市设计方法之间存在着紧密的衔接关系。绿色低碳评价指标体系是用于评估与环境保护和碳减排相关的因素的一套指标，而城市设计方法则是为创建可持续、环保和人性化的城市环境而制定的一套方法和原则。绿色低碳评价指标体系与城市设计方法的衔接可以通过指标引导、数据支持等方式实现，有助于在城市发展中实现环境友好和碳减排的目标。

在宏观层面，可以考虑城市或地区整体布局，例如通过城市规划和土地利用规划来推动绿色低碳发展，兼顾保护历史建筑遗产和传统文化资源。同时，在道路交通方面可以关注减少交通排放和拥堵的目标，在服务设施方面着眼于公共服务设施的可达性和资源利用效率。

在中微观层面，合理运用设计方法，如合理布置建筑群、提供绿色交通网络等。将可持续建筑技术和绿色材料应用于历史建筑改造，以实现绿色低碳目标，并确保与文化脉络相融合；包括制定交通规划、鼓励公共交通和非机动交通等，同时可以运用智能交通系统和绿色交通设施等技术应用；通过城市绿地规划和生态廊道设计来增加城市绿地覆盖率，并融入生态景观元素，如屋顶花园、垂直绿化等；考虑在建筑周边提供合适的公共服务设施，如学校、医院和商业中心，并采用高效节能的设计方案；对现有建筑进行改造和升级，以提高能源效率和降低排放，包括使用绿色建筑材料、引入可再生能源和采用节能技术等；借助智能系统、节能设备和可持续技术等，实现能源效率提升、碳排放减少和可持续发展的目标。

四、绿色低碳导向的城市更新评价指标体系构建

（一）绿色低碳导向城市更新设计的典型样本选取

在中国城镇化逐步进入存量时代的背景下，本书从绿色低碳视角出发，聚焦城市更新项目的绿色低碳设计思路和实际落地情况，展示了超过200个不同类型的优秀城市设计案例，呈现了近年来中国在城市更新行动中的新面貌。典型样本选取大致分为六种类型的城市更新设计：工业类、商业类、历史街区类、社区类、公园类和城中村类，基本涵盖了城市更新中所涉及的各个方面[①]。典型样本大多都是近几年落地的新项目，主要集中在率先进入存量时代且更新需求旺盛的北、上、广、深等一线及部分二线城市，是当前诸多城市更新案例中的优秀典型。

（二）评价指标体系构建原则

为了对典型样本进行系统、准确、可靠的评价，并对其未来发展方向进行准确合理的引导，建立科学客观的指标体系是前提条件。为了能客观、科学和全面地衡量绿色低碳导向的城市更新设计与建设水平，遵循以下原则构建指标体系。

1. 科学性和客观性原则

构建绿色低碳导向的城市更新评价指标体系应该进行科学和客观的把握，同时分析指标因子所需要数据的获取难易程度。利用现有城市更新统计资料及统计计算得出的数据，尽量选择能代表城市更新客观情况的重点指标，可以评价片区或地块的绿色低碳实际水平，进而对其优化发展提出有效的措施与策略。

2. 系统性和层级性原则

建立评价绿色低碳导向的城市更新评价指标体系是一个系统化的过程，要能够全面反映所评价对象的各个层次，所以建立一套完整的评价指标体系需要系统化、多层级进行诠释，不同的层级有若干个不同的指标。

---

① 孙叶飞. 中国城镇化对碳排放的影响研究[D]. 徐州：中国矿业大学，2017.

3. 齐全性和典型性原则

作为评价城市更新设计的指标体系，绿色低碳导向的城市更新评价指标体系必须具有相当的齐全性才能对评价对象有比较科学合理的评价，而且应该选取既有代表性又有典型性的指标，指标的个数也应该尽量地精简和细化，使指标体系便于评价和改进。

4. 可测性与可比性原则

绿色低碳导向的城市更新评价指标体系的建立应该尽量选取一些可直接或间接能得到的、准确的数据。同时可以进行横向和动态比较。横向比较主要比较不同的对象在同一时间各评价指标的状态，动态比较主要是对同一片区或地块在不同时间的评价指标进行比较。

五、城市更新设计指标要素与碳排放关联

（一）城市更新设计指标要素对碳排放影响分析

在城市更新设计中，存在不同类型的要素，包括空间结构、道路交通、服务设施、景观绿化等。不同类型的要素对碳排放也有着不同的影响。这些要素相互作用，综合考虑时可以最大限度地减少城市更新过程中的碳排放。本书从不同城市更新设计要素的特征、目标和路径出发，探讨它们对碳排放的影响（表4-2-5）。

城市更新设计要素对碳排放的影响　　表4-2-5

设计要素	特征	目标	路径
空间结构	包括城市布局、建筑密度、交通网络等。不同的城市布局和建筑密度对于碳排放具有重要影响。合理的空间结构设计可以降低交通需求，提高土地利用效率，减少碳排放	通过合理布局和设计，构建多中心、多层次、多元化的空间结构，促进职住平衡，减少通勤距离和时间，降低碳排放并提高资源利用效率，同时提供更多的绿色空间和可持续能源供给	实现低碳的空间结构需要在城市规划和设计阶段采取一系列策略和方法。需要综合考虑不同方面的因素，通过建立紧凑型、混合型、灵活型的建筑形态，鼓励业态叠合和空间复合，减少交通需求，提高空间品质，降低碳排放
文化脉络	文化脉络蕴含着丰富的价值和信息，保护和传承文化脉络能够提升城市的软实力和文化品位。有效保护和利用这些文化脉络要素，避免过度拆除和重建，可以减少大量碳排放	在保护和传承文化脉络的基础上，通过绿色低碳的设计和建设，减少碳排放，提升环境质量，实现可持续发展。通过保护和展示文化脉络遗存，塑造城市的特色风貌，弘扬绿色低碳的价值观和生活方式	在设计中，加强对文化脉络遗存和具有时代感的建筑物的研究和保护，并通过合适的空间承载非物质文化要素，展现地域文化特色。将绿色低碳原则融入文化脉络要素保护与利用中，在保护文化脉络要素的同时，注重能源效率和碳排放减少

续表

设计要素	特征	目标	路径
道路交通	交通方式的选择和交通设施的布局会直接影响碳排放量。合理的道路交通设计可以降低能耗和排放，提高交通运输效率和安全性	通过提倡绿色出行方式、减少机动车使用、增加公共交通和非机动交通的比例、优化交通组织和规划等，降低交通运输的能耗和排放，改善交通环境和服务	结合绿色低碳观念，促进能源转型，通过优化车行交通、慢行交通和静态交通的措施，减少私人小汽车使用，提升公共交通和非机动交通的便利性。建设智能交通系统，使交通更加高效和环保
景观绿化	景观绿化可以通过增加植被覆盖和改善生态系统功能，减缓气候变化并降低碳排放，提高环境质量，提升居民生活品质	通过增加绿地面积、提高绿地覆盖率等，提高城市生态系统对碳的吸收能力，减少碳排放量。提高城市景观绿化的生态效益、文化效益、社会效益和经济效益	增加城市中的绿地和植物覆盖面积，保护和恢复自然资源和生态系统，构建蓝绿空间网络，设置雨水处理设施，减少雨水径流污染和城市热岛效应，提高城市绿化规划和管理能力
服务设施	服务设施通常具有较高的能耗需求，如供暖制冷、照明、通风等。绿色低碳的服务设施能够节能环保，提高资源利用效率	通过采用节能设备、优化能源管理系统、提高能源利用效率等措施来减少设施的能耗，降低碳排放，构建高效实用、智能绿色、安全可靠的现代化基础设施体系	通过技术创新和管理优化，提高基础设施的节能环保水平，在建筑物使用阶段降低能耗和碳排放。提供共享资源和服务，促进社区内部的交流互动和社会支持
应用技术	应用绿色低碳建筑技术和环境模拟技术，能够降低城市的能耗和碳排放	将绿色技术应用于能源优化利用、资源循环使用和提升舒适度，实现低碳甚至零碳目标	持续进行技术创新和研发，推动新能源技术、节能技术和清洁能源技术的发展与应用，提高能源利用效率，降低碳排放
建筑改造	针对现有建筑的更新、翻新和改造，能够减少建筑垃圾和新建过程中的消耗，旨在提高建筑的能源效率和减少碳排放	通过减少能耗、提高能源利用效率、使用绿色建筑材料等，降低建筑的碳排放，实现城市更新项目的绿色化、低碳化，提高居民的生活舒适度和生产效率	通过综合评估，选择质量较好、具有再利用价值的建筑进行改造，减少拆除重建行为，采用节能技术和设备，使用可再生能源，提升建筑的能源利用效率和资源循环利用

通过结合绿色低碳设计原则，科学合理地优化城市更新设计要素，完善城市更新方案，减少对环境的不利影响，可以降低城市的碳排放，实现绿色、低碳的城市更新发展。

（二）绿色低碳导向的城市更新设计路径指引综述

绿色低碳导向的城市更新设计是一个系统而综合的过程，涵盖了多个方面的考虑和策略。有许多不同的路径和方法可供选择。后文将对七类绿色低碳导向的城市更新设计路径指引（图4-2-1）进行综述。

塑造绿色低碳空间结构：通过科学规划和布局，合理优化空间结构，提高土地利用

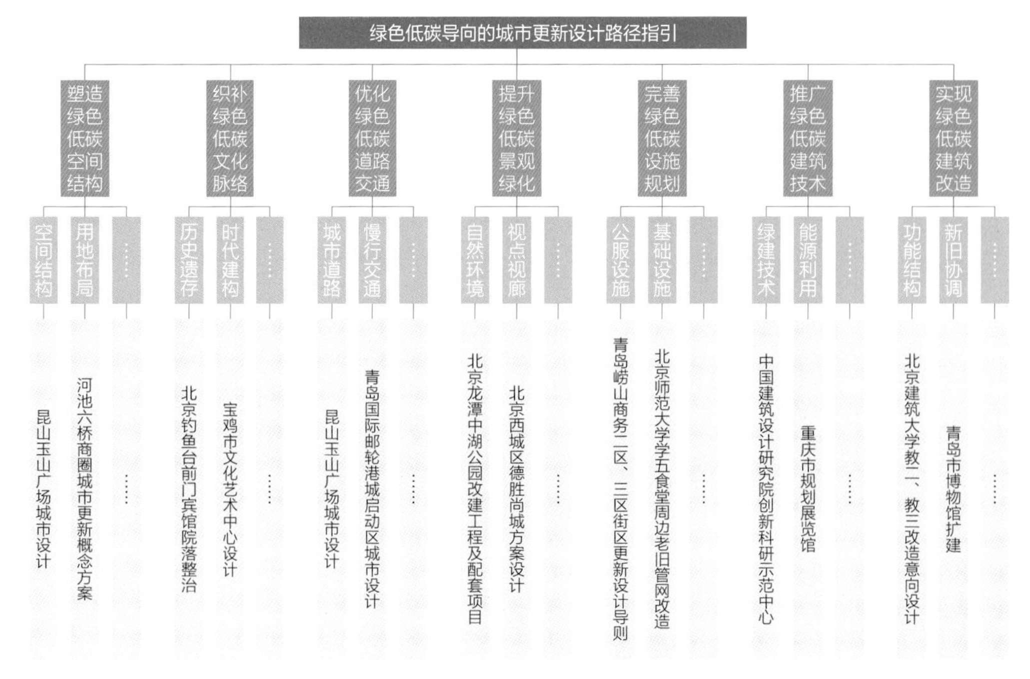

图4-2-1　绿色低碳导向的城市更新设计路径指引

效率，体现城市特色风貌，创造宜居的城市环境。路径包括节约集约土地、协调用地职住平衡等。

织补绿色低碳文化脉络：通过提升城市文化设施的绿色化和低碳化水平，保护和传承文化脉络遗产，促进文化创意产业的发展，提升公众对绿色低碳生活方式的认识和参与度。

优化绿色低碳道路交通：在城市更新设计中，优化绿色低碳道路交通是实现可持续城市发展的重要方面。路径包括提供优化道路系统、综合交通解决方案、鼓励步行和骑行交通等。

提升绿色低碳景观绿化：通过提升绿色低碳景观绿化水平，可以改善城市生态环境，提高居民生活质量。路径包括保护自然环境、营造视线通廊、保护和恢复生态系统等，提高城市绿化率和生物多样性。

完善绿色低碳设施规划：完善绿色低碳设施规划是提高城市资源利用效率和减少环境负荷的重要手段。路径包括完善公共服务设施、优化市政基础设施、推广海绵城市设计等。

推广绿色低碳建筑技术：推广绿色低碳建筑技术是实现节能减排和提高建筑品质的关键。路径包括优化建筑朝向和布局、采用可再生能源技术等，以减少能源消耗和碳排放。

实现绿色低碳建筑改造：实现绿色低碳建筑改造是提升城市现有建筑能效的有效途径。路径包括更新建筑功能结构、更新建筑留改拆增、协调新旧建筑关系、提升建筑景观空间等。

优化经济技术指标测算：在城市更新设计中，优化经济技术指标测算是评估和比较不同方案的重要方法。这涉及建立科学的评估指标体系、测算经济技术指标、考虑技术可行性和经济成本，确保绿色低碳方案的经济可行性。

六、绿色低碳导向的城市更新评价指标体系

（一）指标的评价方法和依据

目前，国内外已有的绿色低碳导向的评价方法大多关注更小尺度的单体建筑和尺度更大的城市，如LEED评价系统和BREEAM评价系统等。

1. LEED评价系统

LEED（Leadership in Energy and Environmental Design）是一种广泛使用的绿色建筑评价系统，也可用于城市更新项目。LEED涵盖了能源效率、水资源管理、材料选择、室内环境质量等多个方面，并通过分数体系对项目进行评估。项目可以根据取得的分数获得不同级别的LEED认证，例如LEED认证级、银级、金级和铂金级。

2. BREEAM评价系统

BREEAM（Building Research Establishment Environmental Assessment Method）是一种主要用于欧洲的绿色建筑评价方法，也可用于城市更新项目。BREEAM主要关注能源、水资源、废弃物管理、生态系统服务等方面，并提供了可量化的评分标准。

结合对以上评价方法的研究可以看出，绿色低碳导向的城市更新指标评价方法和依据可以涵盖多个方面，包括空间结构、文化脉络、道路交通、景观绿化、服务设施、建筑改造、应用技术等。城市更新设计是否体现了绿色低碳的理念可以结合相关的定性和定量指标来判断。

（二）主要评价指标获取途径

1. 延续前述章节讨论的评价指标

本书前述章节在研究讨论城市更新设计路径时已经提出过一些以绿色低碳为导向的评价指标，而绿色低碳城市更新的评价指标与其有一定的对应关系。

2. 在现有实施标准、文献研究、案例实践等指标体系基础上加入新的指标

绿色低碳城市更新经过一段时间的发展，已经出现了大量理论研究和实践案例，也制定和发布了很多标准，如住房和城乡建设部《绿色生态城区评价标准》GB/T 51255—2017[①]、《既有社区绿色化改造技术标准》JGJ/T 425—2017[②]、北京市规资委《绿色生态示范区规划设计评价标准》DB11/T 1552—2018[③]等。各类绿色低碳城市研究形成了各类评价标准，因此可以参考这些案例与标准，选取与片区或地块更新设计相关的绿色低碳指标纳入评价指标体系。

3. 根据指标相关性及其权重研究确定关键指标

通过研究其他绿色低碳城市指标与城市更新设计与建设特征指标的关系，判断各指标体系的相关性及其权重，并从中遴选出与城市更新设计相关性较大的指标纳入指标体系。

（三）评价指标库构建

1. 全面性

在对充分梳理现行标准和已有研究的基础上，全面考虑城市更新过程中会对绿色低碳产生影响的各个方面，涵盖前期准备、制定方案、实施引导多个阶段，总结相关指标加入指标库。

2. 创新性

结合空间结构、文化脉络、道路交通、景观绿化、服务设施、应用技术、建筑改造七类绿色低碳导向城市更新设计案例进行研究，从中提取出可以用于绿色低碳城市更新过程的相关指标加入指标库（表4-2-6）。

3. 系统性

按照目标层—指标层两级体系对提取出的指标进行梳理，将指标按照尺度（中观—微观）、性质（定性—定量）两种类型进行分类，总结形成指标库。

---

① 中华人民共和国住房和城乡建设部，中华人民共和国国家质量监督检验检疫总局．绿色生态城区评价标准：第4部分土地利用：GB/T 51255—2017[S]．北京：中国建筑工业出版社，2018：4.

② 中华人民共和国住房和城乡建设部．既有社区绿色化改造技术标准：第6部分规划与设计：JGJ/T 425—2017[S]．北京：中国建筑工业出版社，2018：19.

③ 北京市规划和国土资源管理委员会，北京市质量技术监督局．绿色生态示范区规划设计评价标准：第6部分绿色交通：DB11/T 1552—2018[S]．北京：北京市建筑设计研究院有限公司等，2018：12.

绿色低碳导向的城市更新设计评价创新性指标提取　　表4-2-6

<table>
<tr><th rowspan="2">目标层</th><th colspan="3">指标层</th></tr>
<tr><th>项目名称</th><th>案例分析</th><th>提取指标</th></tr>
<tr><td rowspan="3">空间结构</td><td>北京隆福寺文化商业区复兴</td><td>建筑首层功能以室内公共空间为主，同时具有对内和对外的出入口，提升对外开放性</td><td>沿街开放性业态比例</td></tr>
<tr><td rowspan="2">北京中关村玉渊潭科技商务区玲珑巷土地一级开发城市设计</td><td rowspan="2">以玲珑塔为关键景点，沿规划步行街打造通透的景观视线通廊</td><td>视廊通畅度</td></tr>
<tr><td>视廊平均高宽比</td></tr>
<tr><td>文化脉络</td><td>上海延安中路816号“严同春”宅（解放日报社）改造</td><td>在保留历史原真性的基础上，建筑的修缮改造增强了底层对外接待功能及开放度</td><td>历史建筑原真性保护比例</td></tr>
<tr><td rowspan="4">道路交通</td><td rowspan="2">昆山玉山广场站城市更新</td><td rowspan="2">优化地块支路线型和走向，将支路改为步行街，完善慢行交通体系</td><td>步行可达空间占总用地比例</td></tr>
<tr><td>道路网密度</td></tr>
<tr><td>青岛国际邮轮港城启动区城市设计</td><td>利用地下空间解决停车问题，结合地上建筑设置部分地上停车楼，提高土地的利用效率</td><td>采用地下停车或立体停车的停车位数量占比</td></tr>
<tr><td>南京艺术学院校园改造规划</td><td>在宿舍楼、教学楼、体育场、食堂等人群活动密集区周边预留足够的非机动车停放点</td><td>非机动车停车设施覆盖率</td></tr>
<tr><td rowspan="8">景观绿化</td><td rowspan="8">北京龙潭中湖公园改建工程及配套项目</td><td rowspan="5">组织地表径流，运用植物浅沟、多级湿地净化、雨水花园等技术，实现雨水资源净化利用，建构生物栖息地，保护生态环境</td><td>生态用地规模</td></tr>
<tr><td>生态资源保存率</td></tr>
<tr><td>水体湿地面积比例</td></tr>
<tr><td>土壤环境质量</td></tr>
<tr><td>地表水环境质量</td></tr>
<tr><td rowspan="3">采取间伐抚育策略将原本的林木转变为健康的混交林；在保留现有乔木的基础上，补植本地特色植被</td><td>人均公共绿地增加量</td></tr>
<tr><td>乔木占乔灌草木种植面积比例</td></tr>
<tr><td>乔木绿量总占比</td></tr>
<tr><td rowspan="3">服务设施</td><td rowspan="3">青岛国际邮轮港城启动区城市设计</td><td rowspan="3">引入海绵城市的理念，增加透水铺装、生态草沟、雨水花园等雨水滞蓄、收集设施，提高雨水利用率</td><td>海绵城市建设率</td></tr>
<tr><td>雨水径流总量控制率</td></tr>
<tr><td>可渗透地面面积比例</td></tr>
<tr><td rowspan="4">建筑改造</td><td>北京王府井H2地块项目建筑方案设计</td><td>在建筑中设置36个基本单元，通过对基本单元进行空间组合，实现应对不同需求的功能置换</td><td>可灵活分割空间占总建筑面积的比例</td></tr>
<tr><td>重庆市规划展览馆建筑设计</td><td>引入立体绿化，打造绿色步行空间，改善公众户外环境体验</td><td>立体绿化建筑占比</td></tr>
<tr><td rowspan="2">景德镇宇宙瓷厂二期东北角地块“陶溪明珠”</td><td rowspan="2">将建筑内部空间打开，形成一条城市级公共空间廊道，让城市广场延续，建筑成为广场的一部分</td><td>建筑开放性界面占比</td></tr>
<tr><td>建筑开放共享空间面积占比</td></tr>
<tr><td rowspan="3">应用技术</td><td rowspan="3">雄安设计中心</td><td rowspan="3">将拆下来的混凝土碎块建成石笼院墙，把玻璃碴跟其他材料混合起来做成磨石地面</td><td>本地建材使用比例</td></tr>
<tr><td>绿色建材使用比例</td></tr>
<tr><td>建筑垃圾资源利用率</td></tr>
</table>

七、绿色低碳导向的城市更新设计具体指标研究

（一）绿色低碳导向城市更新设计方法指标提取

具体指标选取方法为专家打分评价法。首先，邀请绿色低碳导向的城市更新领域的专家进行讨论，从指标库中筛选出在城市更新过程中可以体现绿色低碳理念的指标，第一轮筛选出的指标共计74个。

接下来，邀请相关领域的专家对初步筛选出的74个指标在绿色低碳导向的城市更新设计中的重要程度进行打分评价，评价打分按照5级量表打分法。本轮打分邀请专家59人（其中学界专家24人，业界专家35人），最终回收有效问卷58份，问卷回收率98.3%。统计各项指标的均值和标准差，选取均值≥4且标准差≤1的15项指标作为绿色低碳导向城市更新设计方法的评价指标，最终选取的指标及其评价结果如表4-2-7所示。

选取的指标及其评价结果　　表4-2-7

绿色低碳导向的城市更新设计方法指标	均值	标准差
绿色出行比例（%）	4.517	0.701
单位建筑面积能耗（kgce/m^2）	4.448	0.747
自产清洁能源占消费能源比（%）	4.414	0.789
公共活动中心与公共交通耦合度（%）	4.379	0.739
绿化覆盖率（%）	4.328	0.838
土地混合利用指数	4.190	0.753
人均公共绿地面积（m^2）	4.155	0.826
绿色建筑占新建建筑比例（%）	4.086	0.726
公交站覆盖率（%）	4.086	0.815
公共服务设施可达性	4.086	0.836
既有居住建筑节能改造占比（%）	4.086	0.970
15分钟生活圈覆盖率（%）	4.052	0.918
绿容率	4.052	0.936
道路网密度（km/km^2）	4.052	0.769
公交线路网密度（km/km^2）	4.000	0.766

（二）绿色低碳导向城市更新设计方法指标权重确定

1. 权重确定方法

为建立绿色低碳导向城市更新设计方法评价体系，在选取评价指标后，还需要确定每个指标在评价体系中的权重，本书选择决策实验室分析法（DEMATEL）和网络分析法（ANP）结合的方式确定单个指标的具体权重。

（1）决策实验室分析法

决策实验室分析法（Decision Making Trial and Evaluation Laboratory，DEMATEL）是一种基于图论和矩阵工具的系统分析方法[①]。DEMATEL方法考虑了个人的主观感知，并捕捉了分析者对复杂问题的洞察力。DEMATEL的作用是揭示系统中各个变量之间是否存在直接/间接因果关系（依赖关系）。DEMATEL方法主要分析系统要素之间的逻辑关系和直接影响关系，并将这种关系转化为矩阵形式。通过综合考虑直接影响和间接影响计算得到每个因素对其他因素的影响程度，以及每个因素受到其他因素的影响程度，最终计算得到每个因素的中心度和原因度。

（2）网络分析法

网络分析法（Analytic Network Process，ANP）是最流行的多属性决策（Multiple-Attribute Decision Making，MADM）方法之一，它在传统的网络层次分析法（Analytic Hierarchy Process，AHP）方法基础上进行了一些改进。传统的AHP方法只能对决策系统中的静态和单向相互作用关系进行建模计算。然而，这种分层结构的建模方式很难解决现实生活中的复杂问题。因为不同层次的元素之间也存在许多相互作用的关系，而这些关系在传统的AHP建模中无法得到体现。有别于AHP方法，ANP方法将元素之间相互作用的关系纳入考量，并利用超矩阵求解复杂决策结构，这也给方法的应用提供了更大的灵活性。

2. 具体指标权重确定

（1）第一步，DEMATEL确定指标之间的相互影响关系

邀请相关领域的专家、学者对指标之间是否存在相影响的关系进行评价，评价按照五级进行，统计评价结果得到直接影响矩阵。通过DEMATEL方法计算得到综合影响矩阵T。

（2）第二步，ANP确定指标权重

通过综合影响矩阵T构建网络关系图（Network Relationship Map，NRM）网络图，确定各指标之间相互作用关系。对综合影响矩阵先按行求和进行归一化，然后将归

① 杨印生，李洪伟. 管理科学与系统工程中的定量分析方法[M]. 长春：吉林科学技术出版社，2009.

一化的结果转置得到未加权的超矩阵。确定超矩阵中各元素组的权重，计算得到加权超矩阵。使用幂法求超矩阵的*n*次方，直到矩阵稳定，得到极限超矩阵。最终得出的绿色低碳指标的权重结果如表4-2-8所示。

绿色低碳指标的权重结果 **表4-2-8**

目标层	准则层		权重
空间结构（LU）	土地混合利用指数	LU1	0.063
	人均公共绿地面积（m^2）	LU2	0.050
	道路网密度（km/km^2）	LU3	0.060
道路交通（TR）	绿色出行比例（%）	TR1	0.073
	公交站覆盖率（%）	TR2	0.061
	公交线路网密度（km/km^2）	TR3	0.062
景观绿化（LS）	绿化覆盖率（%）	LS1	0.067
	绿容率	LS2	0.060
服务设施（SF）	公共活动中心与公共交通耦合度（%）	SF1	0.068
	15分钟生活圈覆盖率（%）	SF2	0.069
	公共服务设施可达性	SF3	0.071
应用技术（TA）	自产清洁能源占消费能源比（%）	TA1	0.085
	单位建筑面积能耗（$kgce/m^2$）	TA2	0.084
建筑改造（BR）	绿色建筑占新建建筑比例（%）	BR1	0.068
	既有居住建筑节能改造占比（%）	BR2	0.058

（三）典型指标详细分析

1. 自产清洁能源占消费能源比

自产清洁能源占消费能源比是用于衡量一个城市或区域中清洁能源在总能源消费中所占比例的指标。这一指标的定义涉及两个关键概念：清洁能源和总能源消费。其中清洁能源通常指对环境影响较小、可再生或低碳排放的能源，如太阳能、风能、水能、生物质能等。总能源消费则是指包括所有能源形式（清洁和非清洁）在内的能源消费总量，其中也包括石油、天然气、煤炭等传统能源形式的消耗。自产清洁能源占消费能源比是一个和碳排放负相关的指标，即自产清洁能源占消费能源比越高，城市或者区域平均每年产生的碳排放就越少。

自产清洁能源占消费能源比的计算方法可以用以下公式表示：

$$\text{自产清洁能源占消费能源比} = \frac{\text{自产清洁能源量}}{\text{总能源消费量}} \times 100\%$$

自产清洁能源占消费能源比≥0，上限为100%。2020年《新时代的中国能源发展》白皮书显示，2019年中国清洁能源占能源消费总量比重达到23.4%。根据中国能源大数据报告（2023），2022年中国天然气、水电、核电、风电、太阳能发电等清洁能源消费量占能源消费总量的25.9%。

2013—2022清洁能源占消费能源总量的比重　　表4-2-9

年份	2013	2014	2015	2016	2017	2018	2019	2020	2021	2022
清洁能源占消费能源比（%）	15.5	17	18	19.1	20.5	22.1	23.4	24.3	25.5	25.9

注：数据来源于国家统计局。

2. 单位建筑面积能耗

单位建筑面积能耗是指在一个特定时间段内，一个区域内的建筑消耗的能源总量与该区域内建筑的总建筑面积之间的比值，通常以能源单位来衡量。其中，建筑所消耗的能源主要为居住建筑和公共建筑使用过程中由外部输入的能源，包括维持建筑环境的用能（如供暖、制冷、通风、空调和照明等）和各类建筑内活动（如办公、炊事等）的用能。

单位建筑面积能耗对绿色低碳导向的城市更新具有重要的意义，因为它直接关系到城市的可持续性、资源利用效率和环境保护的效果。通过降低单位建筑面积的能耗，城市可以减少对自然资源的依赖，减缓对环境的不利影响。低能耗建筑通常采用先进的节能技术和可再生能源，使城市能源系统更加高效。这不仅有助于节省能源资源，还有助于创建更稳定、可靠的能源供应体系。

$$E_S = \frac{E}{S}$$

式中，E_S代表单位建筑面积能耗指标值；E代表建筑所消耗的能源；S代表总建筑面积。

北京市地方标准《民用建筑能耗指标》DB11/T 1413—2017中提出，住宅建筑单位建筑面积综合能耗指标折标煤10.9～13.3kgce/m^2，办公建筑的综合能耗值为20.1kgce/m^2，购物中心的综合能耗值为47.3kgce/m^2，零售商铺的综合能耗值为18kgce/m^2，学校建筑的综合能耗值16.0～17.6kgce/m^2，医院建筑综合能耗30.6～42.2kgce/m^2。

3. 绿色出行比例

绿色出行比例是指在一个特定地区或社区中，采用环保、低碳、可持续的出行方式所占的比例。这涵盖了多种交通方式，例如步行、骑行、公共交通、电动汽车等，这些方式相对于传统的燃油汽车来说，更环保，能源效益更高。

绿色出行比例的计算公式为：

$$绿色出行比例=\frac{绿色出行量}{总出行量}\times 100\%$$

2020年7月，《交通运输部 国家发展改革委关于印发〈绿色出行创建行动方案〉的通知》提出，以直辖市、省会城市、计划单列市、国家公交都市创建城市、其他城区人口100万以上的城市为创建对象，鼓励周边中小城镇参与绿色出行创建行动；到2022年，力争60%以上的创建城市绿色出行比例达到70%以上。《国务院关于印发2030年前碳达峰行动方案的通知》（国发〔2021〕23号）也提出"到2030年，城区常住人口100万以上的城市绿色出行比例不低于70%"的目标任务。

4．公共服务设施可达性

公共服务设施可达性是指在一个给定的地理区域内，居民或用户可以方便、经济、高效地到达各类公共服务设施的程度。这些设施包括但不限于学校、医疗机构、交通站点、体育设施、商业中心等。

可达性的概念最早由Hansen提出，其实质是"从一个地方到达另一个地方的容易程度"。公共服务设施的可达性可以通过两步移动搜索法来测度。移动搜索法是潜能模型的重要扩展，其实现方式如下：对供给点与需求点预先设定极限出行成本（距离或时间），分别以供需两点为基础，以各自的极限出行成本为搜索半径（即搜索阈值），完成两次搜索，计算半径范围内可获得的设施数量，数量越多，可达性越高[①]。

5．15分钟生活圈覆盖率

15分钟生活圈是以社区居民为服务对象，服务半径为步行15分钟左右的范围内，以满足居民日常生活基本消费和品质消费等为目标，以多业态集聚形成的社区商圈。15分钟生活圈覆盖率是指一个人在其居住地及周围区域内，步行或使用其他非机动交通方式（如自行车）在15分钟内能够到达的服务、设施和资源的比例。

15分钟生活圈覆盖率的计算公式为：

$$15分钟生活圈覆盖率=\frac{15分钟生活圈的覆盖面积}{区域总面积}\times 100\%$$

15分钟生活圈覆盖率的取值范围为0～100%。100%表示区域内实现了15分钟生活圈的全覆盖。《深圳市国土空间总体规划（2020—2035年）》提出，到2035年，卫生、养老、教育、文化、体育等社区公共服务设施15分钟步行无障碍可达覆盖率达到90%左右。

① 高巍，欧阳玉歆，赵玫，等．公共服务设施可达性度量方法研究综述[J]．北京大学学报（自然科学版），2023，59（2）：344-354.

6. 绿色建筑占新建建筑比例

绿色建筑占新建建筑比例是指在全部的新建建筑中，采用绿色技术和设计的建筑所占的面积比例。绿色建筑可以通过采用环保材料、能源效率技术、水资源管理、室内环境质量等方面的创新，减少建筑建造、运营、维护过程中对自然资源的依赖，降低对环境的影响，并在建筑生命周期的各个阶段减少温室气体的排放，推动城市和社区朝着更加可持续和低碳的方向发展。该指标与碳排放增长具有负相关关系，即新建建筑中绿色建筑的占比越高，碳排放总量与强度越低。

绿色建筑占新建建筑比例的计算公式为：

$$绿色建筑占新建建筑比例 = \frac{新建建筑中绿色建筑的建筑面积}{新建建筑总面积} \times 100\%$$

绿色建筑占新建建筑比例的取值范围为0～100%。0表示没有新建建筑采用绿色技术，100%表示所有新建建筑都采用了绿色技术。

2020年住房和城乡建设部等部门发布的《绿色建筑创建行动方案》提出，到2022年，当年城镇新建建筑中绿色建筑面积占比要达到70%。近年来，我国的绿色建筑技术飞速发展，在2022年上半年，我国新建绿色建筑面积占新建建筑的比例已经超过90%。深圳也提出自2022年7月1日开始，新建民用建筑和工业建筑要百分之百实现“绿色化”。

（四）指标汇总

根据以上研究结果，对筛选出的评价指标汇总结果表4-2-10所示。

评价指标汇总 **表4-2-10**

目标层	指标层	单位	绿色低碳目标		
			高级目标	中级目标	低级目标
空间结构	土地混合利用指数	—	≥3.0	2.5～3.0	2.0～2.5
	人均公共绿地面积	m^2/人	≥12	8～12	6～8
	道路网密度	km/km^2	12～15	10～12	7～10
道路交通	绿色出行比例	%	≥80	70～80	60～70
	公交站覆盖率	%	100	95～100	90～95
	公交线路网密度	km/km^2	≥4	3～4	2～3
景观绿化	绿化覆盖率	%	≥45	43～45	40～43
	绿容率	—	≥2	1.5～2	1.2～1.5
服务设施	公共活动中心与公共交通耦合度	%	≥85	80～85	75～80
	15分钟生活圈覆盖率	%	≥90	85～90	80～85
	公共服务设施可达性	—	≥45	40～45	35～40

续表

目标层	指标层	单位	绿色低碳目标		
			高级目标	中级目标	低级目标
应用技术	单位建筑面积能耗	kgce/m²	≤20.0	20.0~25.0	25.0~30.0
	自产清洁能源占消费能源比	%	≥15	10~15	5~10
建筑改造	绿色建筑占新建建筑比例	%	100	95~100	90~95
	既有居住建筑节能改造占比	%	100	90~100	80~90

第三节　绿色低碳导向的城市更新设计指标典型案例评价

一、绿色低碳城市更新评价指标体系常用评价方法

（一）层次分析法

层次分析法包括AHP和ANP，是包含质性和量化的研究思维的综合方法。层次分析法从实际问题出发，考虑多种因素，从中梳理出因素的层次结构，再衡量诸因素的相对重要性，最后作出综合决策。

（二）综合指标评价法

根据综合指标法和专家调查法得到各指标的权重及各子系统的综合得分，然后进行权重赋值，确定各子系统相对于绿色低碳综合水平评价目标的权重，逐级计算评价体系中的三级、二级和一级指数值，最终得到绿色低碳水平相对数值。

以上两种评价方法在单一区域、指标特征相似的情况下可以通过专家打分法或问卷调查法等来确定指标权重。而中微观城市更新涉及方面较多，不同区域指标差异较大，因此加入多权重设置，进行相应的绿色低碳城市更新设计评价研究。

二、百分制标准打分法

百分制标准打分法应用较为广泛，大多应用于绩效或效益评价方面，普适性较强。本书在中微观城市更新的绿色低碳评价研究中进行应用（图4-3-1）。

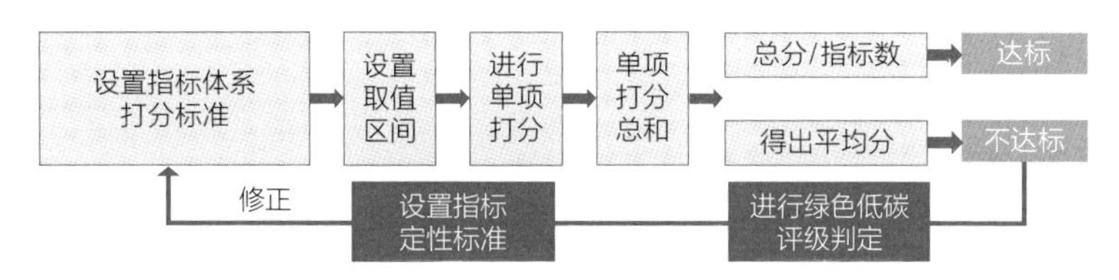

图4-3-1　百分制标准打分法流程图

（一）打分标准

指标评价采取绿色低碳实际规划值与预期目标值比对方式，具体如下。

（1）每一指标评价的最高分为100分。

（2）将实际规划值与预期目标值进行比较，评价其符合程度。

（3）根据实际规划值与预期目标值的符合或合理程度，进行符合性评价（表4-3-1）。

指标评价打分区间数值　　　　**表4-3-1**

满足绿色低碳高级目标	满足绿色低碳中级目标	满足绿色低碳低级目标	不满足绿色低碳目标
85～100	75～85	60～75	40～60

（二）评级判定

通过以上打分标准对片区或地块的城市更新设计进行各指标分数确定，并结合单个指标权重进行计算，然后得出绿色低碳城市更新评价的最终分数。根据评价片区更新设计是否符合绿色低碳要求，可以分为以下四个层级（表4-3-2）并设定每个层级的得分范围，将城市更新设计和建设的评价得分与层级分数范围进行比对，确定其处于绿色低碳城市更新的相应层级。

绿色低碳城市更新评级判定表　　　　**表4-3-2**

等级	分数范围（X）	基本特征
一	$X \geqslant 85$	满足绿色低碳发展要求，并具备良好发展势头
二	$75 \leqslant X < 85$	基本满足绿色低碳发展要求
三	$60 \leqslant X < 75$	未能满足绿色低碳发展要求，但可通过一定的措施进行改进
四	$X < 60$	未能满足绿色低碳发展要求

（三）评价结果

我国幅员辽阔且城市众多，各片区或地块城市更新的绿色低碳发展水平和潜力各有不同。通过对空间结构、文化脉络、道路交通、景观绿化、服务设施、建筑改造、应用技术等七个维度不同评价指标影响程度研究，建立基于各评价指标横、纵向对比的评价反馈体系。各片区或地块城市更新设计应根据其具体情况进行分级、分类、分区的差异化管控，针对绿色低碳目标建立高、中、低三种不同级别的管控体系并进行多层级管理，统筹协调城市更新设计与经济、社会、环境三者之间的关系，因地制宜地制定绿色低碳城市更新设计目标与管控策略。

三、昆山玉山广场站城市更新项目评价结果及验证

（一）绿色低碳导向的设计方案评价

依据前文建立的评价指标体系，对昆山玉山广场站城市更新设计项目更新前后的指标进行统计，统计结果如表4-3-3所示。

昆山玉山广场站城市更新项目——更新前后绿色低碳指标对比　表4-3-3

目标层	绿色低碳指标	更新前数据	更新后数据
空间结构	土地混合利用指数	2.2	3.1
	人均公共绿地面积（m^2）	8.4	12.5
	道路网密度（km/km^2）	7.9	12.1
道路交通	绿色出行比例（%）	66	85
	公交站覆盖率（%）	83	100
	公交线路网密度（km/km^2）	2.8	4.4
景观绿化	绿化覆盖率（%）	36	45
	绿容率	1.7	2.2
服务设施	公共活动中心与公共交通耦合度（%）	65	100
	15分钟生活圈覆盖率（%）	71	100
	公共服务设施可达性	32	47
应用技术	自产清洁能源占消费能源比（%）	0	15
	单位建筑面积能耗（$kgce/m^2$）	38.6	24.3
建筑改造	绿色建筑占新建建筑比例（%）	—	100
	既有居住建筑节能改造占比（%）	32	100

根据昆山玉山广场站城市更新设计项目更新前后各单项指标数据进行百分制评价，并结合各指标权重确定综合评价结果。结果显示，昆山玉山广场站城市更新前综合得分为58.49分，符合绿色低碳城市设计四级标准，未能满足绿色低碳发展要求；更新后的综合得分为92.11，符合绿色低碳城市设计一级标准。评价结果显示，昆山玉山广场站城市更新过程满足绿色低碳的发展要求，并且具备良好的发展势头。

据前文所述公式计算，昆山玉山广场站城市更新前人均碳排放强度为2.37tCO_2/（人·a），更新后人均碳排放强度为2.06tCO_2/（人·a），经过核算，昆山玉山广场站城市更新设计项目实现了区域内人均碳排放强度的降低，符合绿色低碳的城市更新目标。

（二）设计方案对绿色低碳薄弱环节的解决措施和方法简述

在具体的设计方法上，昆山玉山广场站城市更新设计项目针对项目区域内绿色低碳环节采取了以下措施：①采用混合式功能布局，提升土地利用混合度；②在社区组团内部灵活布置绿地，增加人均公共绿地面积；③对现有道路系统进行梳理，使区域内的道路网密度更加合理；④完善道路交通系统，增加慢行通道，营造舒适良好的步行和骑行体验，鼓励人们采用更加绿色的出行方式；⑤在办公组团的地面、退台、屋顶形成立体绿化系统，增加绿化覆盖率；⑥充分保留场地内现有树木，在此基础上增加乔木种植，提升绿容率；⑦采用TOD的土地开发模式，地铁出入口与商业和公共服务功能紧密结合，增强公共活动中心与公共交通的耦合度；⑧建筑首层后退设置骑楼，积极创造连续的步行空间，二层以上通过连桥和平台相互连接，增加服务设施的步行可达性；⑨鼓励在新建建筑中采用节能技术，减少建筑运行过程中产生的能耗。

第四节　绿色低碳导向的城市更新设计策略方法

一、从绿色低碳导向的评价指标体系到设计策略方法的过渡

绿色低碳导向的评价指标体系与评价方法的引入，可以通过设计路径分类梳理、评价指标与设计方法关联、设计方案数据限定等方式，为实现城市更新设计策略与方法的绿色低碳目标提供量化借鉴和优化参考。

考虑我国诸多城市在区域与城市级别、用地与建筑规模、更新性质与功能、存量条件与特征等多方面的差异性，基于各评价指标的相互影响程度和影响权重研究结果，针

对各城市更新项目样本在更新前与更新后的减碳效益评价结果，构建空间结构、文化脉络、道路交通、景观绿化、服务设施、应用技术、建筑改造等七个维度的绿色低碳更新路径与设计方法体系（图4-4-1）。

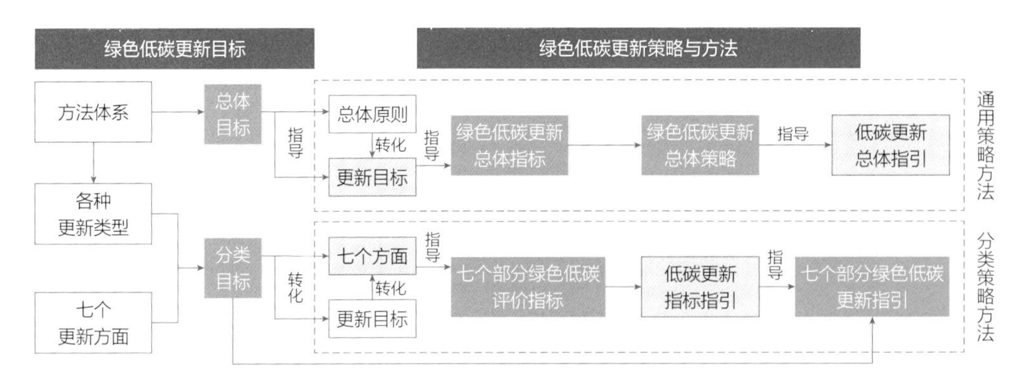

图4-4-1　绿色低碳城市更新设计方法构建

二、绿色低碳导向下城市更新设计的策略与方法

根据本书前述章节在绿色低碳城市更新领域的理论与实践综述、设计路径分类梳理、指标体系评价结果、指标到策略方法过渡等研究的基础上，构建空间结构、文化脉络、道路交通、景观绿化、服务设施、应用技术、建筑改造等七个方面的绿色低碳城市更新设计策略与方法体系（表4-4-1）。

绿色低碳导向的城市更新设计方法体系　　表4-4-1

设计目标	路径指引	设计策略方法
塑造绿色低碳空间结构	空间结构	• 探索紧凑型城市结构，最大限度地利用城市空间； • 打造“窄马路、密路网”的城市道路布局； • 探索以公共交通为导向的城市土地开发模式
	用地规划	• 探索多种性质混合的用地模式，实现职住平衡； • 结合公共交通的线路和站点，紧凑设置城市的基础设施； • 对公共服务设施进行系统的、多层次的组合与安排
	特色风貌	• 加强城市空间与自然山水等地理环境的联系； • 延续并突出城市宏观结构特征和特色场景空间； • 对建筑形式与风格进行整体引导与风貌调控； • 提炼相关的文化脉络风貌特色元素并传承融合
织补绿色低碳文化脉络	历史遗存和物质空间	• 全面分析历史遗存及其附属空间的现状； • 形成系统性的评价和保护修缮策略； • 研究新的功能需求与原有空间类型的匹配度

续表

设计目标	路径指引	设计策略方法
织补绿色低碳文化脉络	具有时代特征的建（构）筑物	• 结合城市更新项目的业主需求进行改造和升级； • 深入挖掘其核心价值，保留其中最具价值的部分； • 对建筑的内部空间、外观风格和特色构件进行整体活化利用
优化绿色低碳道路交通	城市道路	• 合理配置主干路和支路，优化路网结构； • 采用环保的路面建设材料，引入植被和雨水渗透设施； • 实现城市交通的实时监测、数据分析和管理
	车行交通	• 通过优化公交线路，提高公交线路网密度； • 建设便捷、舒适的公共交通站点和枢纽； • 推动共享出行模式，满足不同出行需求
	慢行交通	• 增设更多步行道和自行车道，提高步行和骑行的安全性； • 加强步行街和休憩区域建设，鼓励市民步行购物和休闲
	静态交通	• 提倡采用机械化和立体化的停车方式； • 合理设置停车空间，引入智能停车系统； • 提高停车位利用率，减少车辆在道路上的空转； • 通过科学合理的交叉口设计提高通行效率
提升绿色低碳景观绿化	自然环境	• 增加植被密度，提高人均公共绿地面积； • 引入绿色走廊，沿着主要城市轴线布置绿化带； • 增加水体面积，构建湿地生态系统； • 引入湿地植被和水域，形成生态系统链条
	视点视廊	• 打造通透的绿色景观通廊，结合不同地块使用功能； • 对场地上的建筑高度、风貌进行引导控制
	微气候环境	• 定量评估现有微气候环境存在的问题； • 利用微气候环境数值模拟技术，提升地区微气候环境
	植被绿化	• 提升城市垂直空间的绿化面积，鼓励屋顶花园的建设； • 实施科学的植被管理和养护计划，保证植被生长健康
	景观设施	• 引入雨水收集系统，有助于提高植被的水分利用效率； • 透水铺装可以运用在人行道、广场、停车场等城市场所，通过覆盖城市硬化表面，有效减缓雨水径流的速度
完善绿色低碳设施规划	公共服务设施	• 借鉴社区生活圈和完整居住社区的理念，选择适当的空间来引入相应的服务功能； • 提倡服务设施的功能多样化，通过在街区层面填补不足、优化布局和提升质量
	市政基础设施	• 推进布局、能源、材料、设备、管理等市政设施的低碳改造设计，促进能源的可持续利用； • 将市政设施的功能进行整合，实现一设施多用，提高设施的使用效率； • 充分考虑环保与节能需求，降低设施的环境负荷； • 采用新型管材和施工工艺，提高管网使用寿命和安全性； • 引入智能管理系统，实现管网运行数据实时监测和预警
	海绵城市设计	• 利用设施进行生态修复，如建设生态湿地、雨水花园等； • 通过改进排水管道系统，设置雨水收集池或雨水罐； • 收集雨水用于浇花、冲厕等生活用途

续表

设计目标	路径指引	设计策略方法
推广绿色低碳建筑技术	绿建技术模拟优化	• 模拟场地的微气候环境，追求舒适的光、风、声和热环境，塑造符合绿色低碳技术要求的建筑空间布局； • 通过合理的空间布局和设计，使建筑在不同时间段内能够满足不同的功能需求； • 通过分析气象和地形数据，营造适宜的场地微气候，创造更多开放共享的空间； • 建立完善的碳排放监测体系，及时评估低碳化措施的效果，并对其进行调整和改进
	建筑能源节约利用	• 优化建筑体形系数，满足使用功能，符合采光通风要求； • 合理调整建筑内外围护结构的形式、选材和构造等，实现采光遮阳、通风控风、蓄热散热、保温隔热等目的； • 采用能量回收利用、优化运行管理和利用可再生能源等节能降耗的改造方法
	建筑资源节约利用	• 选用给水排水、供暖、通风、空气调节、照明等节能设备； • 采用太阳能、水能、风能、生物质能、地热能等可再生能源； • 采用可循环、可再生的材料，优先考虑再生周期较短的材料； • 采用雨水和中水回用系统等水资源回收利用方式
	提升室内环境舒适度	• 采光设计满足照度和减少采光能耗的要求； • 实现通风换气，从而有效提高居住者的舒适度，减少室内污染物的浓度，降低空调和机械通风的能耗； • 采用高性能保温材料、节能玻璃等新型建筑材料； • 采用高效的节水设备、雨水利用、分流系统等污水减量方法
实现绿色低碳建筑改造	功能结构	• 采用开放式办公空间设计，将办公、会议、休息等功能空间进行整合，提高空间的利用效率； • 通过合理的建筑空间布局设计，细化功能布局，优化功能流线，降低建筑运行过程中的能耗
	留改拆增	• 准确判断现状问题，明确“留改拆增”的内容和目标，提出针对性的设计策略，编制满足工期和造价预算的设计任务清单； • 通过建筑热源、采光、风能、灯具等主动式节能改造，实现能源效益的提高； • 通过外墙保温、屋顶保温、窗户节能、材料节能等被动式节能改造，充分利用自然力实现绿色低碳目的
	新旧协调	• 新建建筑应该延续原有环境和结构，保留既有元素和秩序； • 协调新旧建筑之间的风貌，使其能在城市环境中和谐共存； • 重视新老建筑公共空间的串联与整合，提升公共空间的品质
	弹性设计	• 充分考虑空间适应性和灵活性，设计适应性强的有机生长建筑； • 采用模块单元组合、装配式建筑等方法，提供可灵活拆分组合的功能模式； • 利用物联网技术，建立智能排水系统
	建筑与景观结合	• 通过借景、内部造景等方法，深入设计建筑环境过渡空间； • 推广使用绿色基础设施，如雨水花园、生物滞留地等
	开放共享	• 建筑平面功能组织注重建筑空间的复合利用和开放共享； • 提倡建筑公共界面向市民开放，可退让部分场地空间给城市，提供室外活动空间； • 高层或大体量建筑可在高处局部采用屋顶花园或镂空设计

第五章

绿色低碳导向的城市更新设计前期准备指引

第一节　城市更新现状研究

相比于新建项目，城市更新项目本身及周边条件更为复杂，因此项目的前期准备工作至关重要。在前期准备阶段，通过城市更新现状研究、相关资料收集、项目评估策划、制定绿色低碳方案等方面的工作，从专业角度帮助业主完成对城市更新项目的综合分析，形成针对项目的基础认知，也为正式开展规划设计工作奠定技术基础。

一、研判项目区位发展特征

城市更新项目大多位于城市建成区，因此往往会具有交通、空间、经济、文化等多重区位发展特征。通过对多重区位发展特征分析，提炼出项目特色，为其后明确功能定位、制定设计策略、绘制设计方案等环节奠定认知基础。

1. 交通区位分析技术路径

提炼项目所在城市的路网结构特征，明确项目在城市的区域位置。还可结合项目所在城市的交通特点，补充项目与航空、铁路、公路、轨道交通、水运等交通方式的航线及站点的关系。

案例：北京隆福寺文化商业区复兴

北京隆福大厦位于历史文化保护区内，原为始建于明代的隆福寺旧址，所处地区历史文化氛围浓厚，周边分布有中国美术馆、王府井商业步行街、故宫、商务印书馆等众多文化、商业、历史地标。隆福大厦曾是“北京四大商场”之一，1993年大火之后扩建，2004年停业。2012年，东城区政府启动了隆福寺文化商业区复兴项目工作。在区位分析中，抓住“环路”这一北京城市格局的典型特征，通过对环路、长安街及其延长线的重点表达，简洁明了地反映出项目所处的城市交通区位（图5–1–1）。

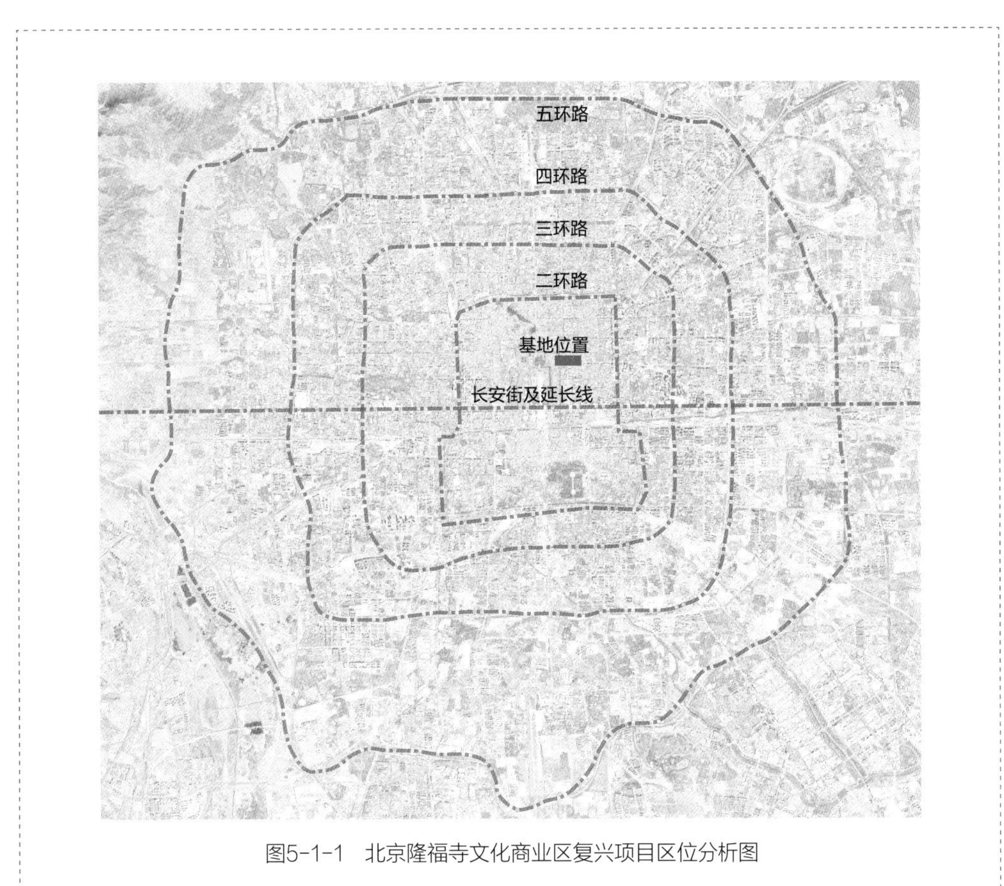

图5-1-1　北京隆福寺文化商业区复兴项目区位分析图

2. 空间区位分析技术路径

明确项目与城市中心区、主要空间轴线、重要地标节点及生态环境资源（如山、水、林、田、湖、草、沙等）的空间位置关系。

案例：青岛市博物馆扩建

青岛市博物馆位于青岛市城市副中心——崂山区的核心位置，中轴线广场东南部。老馆占地面积105亩，建筑面积3000m^2，展览面积超7000m^2。扩建部分位于老馆南侧，大剧院北侧，建设规模55561.35m^2，地上5层（局部4层），地下2层。通过标注金家岭山、石老人海水浴场以及山海之间的城市主要空间轴线，明确项目和城市中心区和主要轴线的区位特征和空间关联，并通过实景照片真实生动地展现空间区位特征对项目设计的意向要求（图5-1-2）。

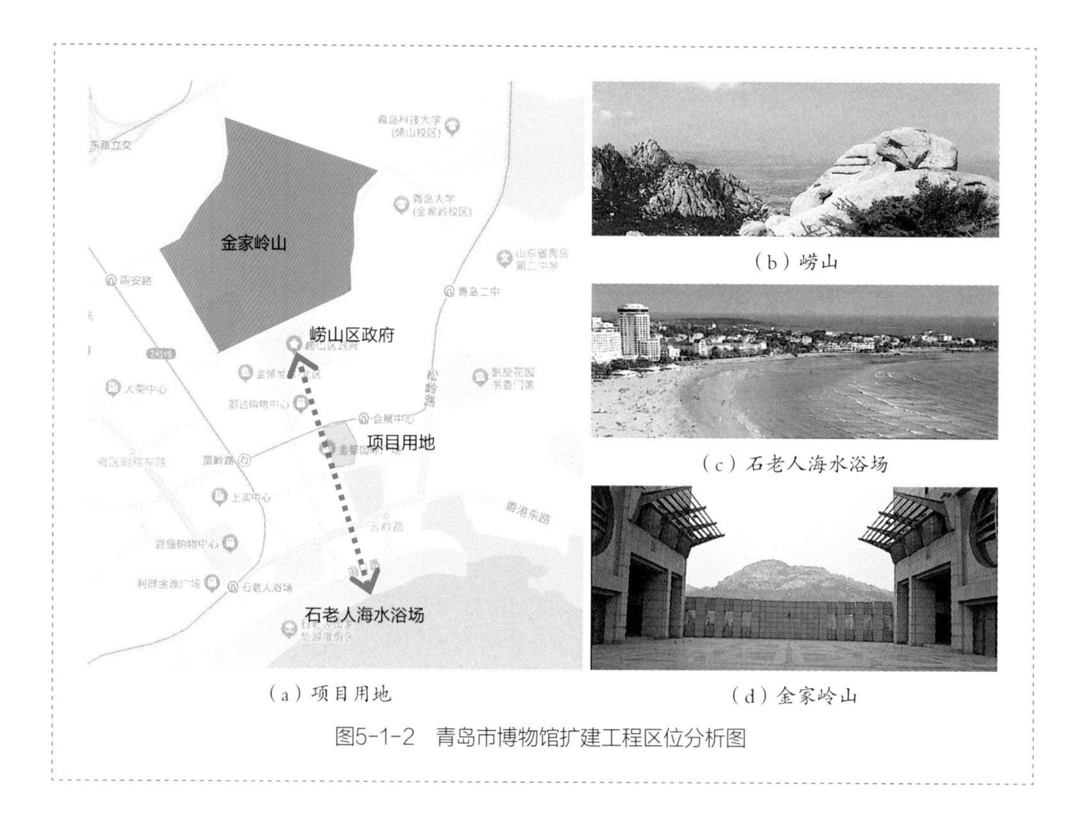

（a）项目用地

（b）崂山

（c）石老人海水浴场

（d）金家岭山

图5-1-2　青岛市博物馆扩建工程区位分析图

3. 产业区位分析技术路径

通过查阅项目所在片区同类型业态与上下游产业分布情况，形成对周边产业发展水平的基本认知，同时通过与项目周边区域的横向比较，明确项目所在区域的经济特色和发展优势，提炼经济区位特征。

案例：北京中关村玉渊潭科技商务区玲珑巷土地一级开发城市设计

玲珑巷原为北京市四环内的城中村，因西侧隔昆玉河相望、有着400余年历史的玲珑塔而得名。玲珑巷早在1994年就被列入改造计划，但由于空间有限、人口稠密、资金难以平衡、利益难以协调，改造计划一直未实施。为加快玲珑巷地区整体改造步伐，尽快改善当地居住环境和条件，海淀区政府于2010年启动玲珑巷地区整体改造土地一级开发项目的征地拆迁工作。2014年完成村民搬迁和民房拆除，场地内仅保留国家文物保护单位——摩诃庵历史建筑群。通过标注项目与昆玉河沿线万柳华联购物中心、金源时代购物中心、翠微大厦等主要商圈的位置关系，分析项目的产业区位优劣势，提出项目应立足商务、办公功能，与周边商圈错位发展、优势互补（图5-1-3）。

图5-1-3 北京中关村玉渊潭科技商务区玲珑巷土地一级开发城市设计区位分析图

4. 综合运用区位分析方法

建议根据项目自身特征，结合运用上述几种方法，开展多层级、多角度、多类型相融合的区位分析。

案例：昆山玉山广场站城市更新

玉山广场地区位于昆山市老城区中心，片区内分布有原昆山老县衙遗址、徐士浩宅、俞楚白宅等历史建筑，昆山宾馆、市民体育活动中心等城市地标，一直以来就是昆山的城市中心。由于两条地铁线将在这里交会，原有规划设计已不能满足新的发展需求，玉山广场地区面临功能、交通、景观等城市更新的迫切需求。

在区位分析中，通过分析长三角区域、昆山市域及城区三个层次的区位，明确城市在宏观层面、项目在中微观层面的相应区位关系特征。

城市的宏观层面区位特征：昆山位于上海与苏州之间，同时承载两大城市的经济外溢，是沪宁经济走廊和交通通道的重要节点城市，发展潜力巨大。

项目的中微观层面区位特征：老城区位于昆山市中心城区核心，是昆山的“城市之源”。项目的微观层面区位特征：项目位于昆山市老城区的核心位置，项目地块嵌入老城区中，紧邻琅环公园、中茵世贸广场等城市节点，区位优势明显（图5-1-4）。

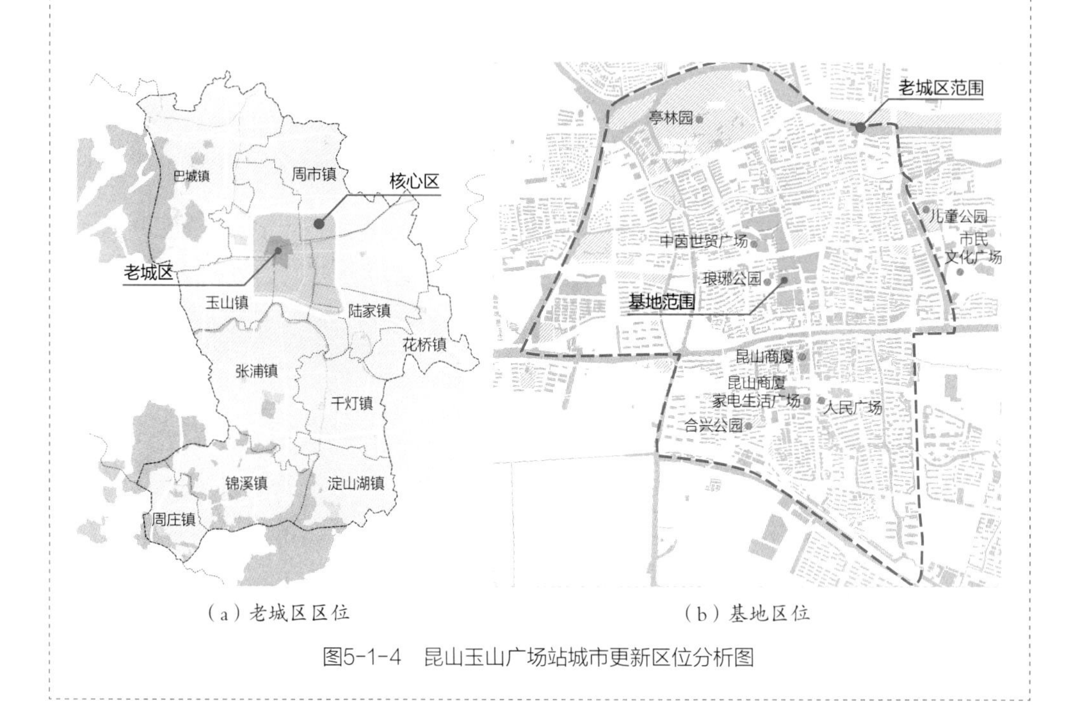

（a）老城区区位　　（b）基地区位

图5-1-4　昆山玉山广场站城市更新区位分析图

二、梳理历史文化演变脉络

城市更新项目多位于旧城区，通过梳理历史沿革和挖掘特色文化，提炼项目所在片区的“历史记忆”，发现最有价值的空间、历史元素、文化符号，从而更深入地感知项目的历史时空演变规律，帮助下一步的设计方案构思。

1. 梳理历史沿革

结合现场踏勘和访谈，通过研读文史资料、历史档案、地方志等，以时间为线索梳理与项目有关的主要历史事件和空间肌理变化，形成项目所在地的发展历史概览。

案例：西安大华纱厂厂房及生产辅房改造

大华纱厂始建于1935年，是西安最早的现代纺织企业。作为西北首个现代纺织工厂，这里曾产生了西安市第一度工业用电，走出了西北工业的第一批女性职工，成立了西安第一个工人运动地下党组织部，也成为重要的棉纺织军需物资生产商之一。在近百年的发展历程中，大华纱厂曾见证了西安近代工业的开端和现代工业的发展，也见证了在经济迅速发展背景下，通过产业结构调整、新功能植入带来的城市格局的变化与复兴。

通过梳理西安大华纱厂从建厂、发展到衰败的时间线索和重大历史事件，识别出厂区内的重要历史建筑、环境、设备等历史记忆点及其所处空间，从而提取具有时代特征的厂区元素，为后续设计带来启发（图5-1-5）。

图5-1-5　西安大华纱厂建设历史沿革

案例：上海延安中路816号“严同春”宅（解放日报社）改造

“严同春”宅建于1933年，在之后的几十年间几经易主，曾先后作为办公楼，以及酒店、旅馆之用，建筑的第一进院落也因1998年修建延安高架路被拆除。所幸，主楼和花园均保存至今，建筑整体风貌较为完整。

通过组图的方式，反映主要历史阶段场地内建筑与室外公共空间的变化，让人能够更为直观地感受到项目空间的核心价值（图5-1-6）。

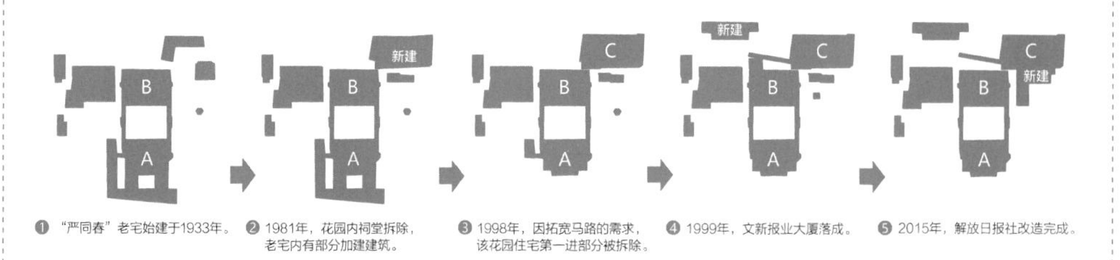

图5-1-6　改造过程

图片来源：改绘自 章明，高小宇，张姿. 向史而新延安中路816号“严同春”宅（解放日报社）修缮及改造项目[J]. 时代建筑，2016（4）：97-105，96.

2. 挖掘特色文化

结合历史和场地现状特点，从城市肌理、空间风貌、建筑符号、历史遗存、非物质文化等方面提炼文化特色要素，挖掘其中蕴含的深层历史文化联系，识别出项目具有的独特精神“气质”（表5-1-1）。

需要关注的历史文化特色要素　　表5-1-1

类型	关注点	获取途径
城市肌理	路网、建筑、场地及相互的空间关系	历史文献资料、现场踏勘、地形图、地图
空间风貌	城市风光、建筑风格、街道景观等	历史文献资料、老照片、现场踏勘
建筑符号	老建筑的特色做法、老物件等	历史文献资料、老照片、现场踏勘
历史遗存	文物保护单位、历史建筑、名人故居、遗址遗迹等	现场踏勘、文献资料
非物质文化元素	历史名人、中华老字号、特色餐饮、民俗活动、宗教信仰、方言俚语、戏剧曲艺等	现场踏勘、访谈、文献资料

案例：北京隆福寺文化商业区复兴

项目组通过梳理项目及周边的历史文化资源点，如东四清真寺、人艺剧场、皇城根遗址公园、孚王府、沙千里故居等历史遗存要素，以及白魁老号、隆福寺小吃、隆福寺庙会等非物质文化要素，识别出项目所在片区商业氛围和市井气息并存的特征，为下一步设计构思提供方向（图5-1-7）。

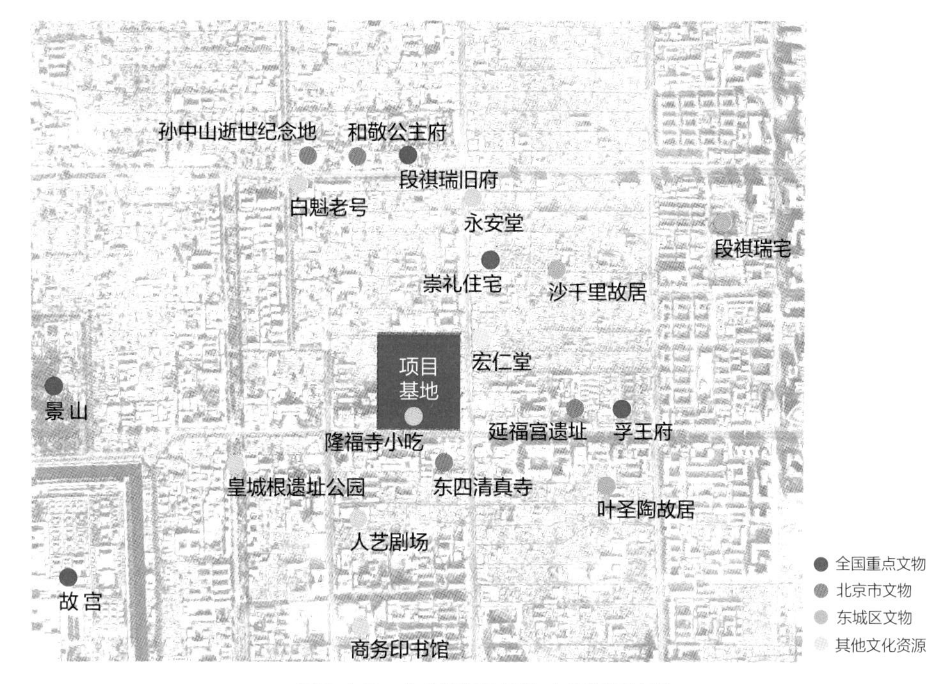

图5-1-7　北京隆福寺周边文化资源挖掘

案例：景德镇宇宙瓷厂二期东北角地块“陶溪明珠”

项目位于“中国瓷都”景德镇市的宇宙瓷厂内。国营宇宙瓷厂始建于1958年，曾是景德镇十大瓷厂之一，也是景德镇第一家机械化生产的新型陶瓷企业，还是景德镇出口瓷的重点瓷厂，多年出口创汇居全国第一，更被外商誉为“中国皇家瓷厂”。20世纪90年代，宇宙瓷厂因经营不善被迫停产，但厂区内的22栋老厂房、窑、生产设备及文献档案等得以完整保留下来。2012年，景德镇市以原国营宇宙瓷厂为核心区启动“陶溪川国际陶瓷文化产业园”项目，传承历史记忆、弘扬瓷都文化。

方法1：通过深入调研当地传统制瓷作坊，提炼出为适应制作工艺需求和当地炎热多雨气候而形成的“青灰瓦双坡屋面”（图5-1-8）、“外露式穿斗式结构”（图5-1-9）等地域特色文化要素，并将上述要素融入“陶溪明珠”项目的建筑方案设计中（图5-1-10、图5-1-11）。

图5-1-8　青灰瓦双坡屋面

图5-1-9　外露式穿斗式结构

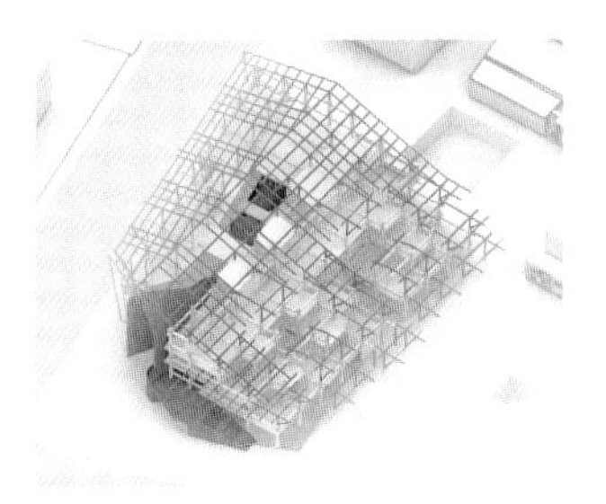

图5-1-10　建筑结构

图5-1-11　建筑立面效果

方法2：通过对陶瓷质感、颜色等材料特点进行研究，提取陶瓷元素（图5-1-12、图5-1-13），并将其融入建筑形态、景观铺装等设计之中（图5-1-14）。

图5-1-12　传统窑体

图5-1-13　传统窑体内部

图5-1-14　建筑内部

三、解析平衡利益各方诉求

市场化背景下的城市更新不是政府或相应的组织大包大揽[①]，而是多方共治之下的利益协商过程。实施城市更新项目需要分析各主体的利益诉求。一般来说，城市更新项目参与的主体至少涉及三个方面：管理主体、实施主体、产权主体[②]。此外，有些城市更新项目还会涉及独立于上述利益主体外的第三方（表5-1-2）。

城市更新项目涉及的参与主体及诉求　　表5-1-2

参与主体	主体构成	利益诉求
管理主体	主要指政府，包括相关领域、不同层级的管理部门	城市更新项目一般是由政府指导并监督实施。政府希望通过城市更新提升所在区域人民群众的生活环境品质、完善生活配套设施和基础设施，并且还要保障城市的公平、安全和可持续发展
实施主体	一般指政府委托的机构或者市场主体，其中市场主体包括开发商、承包商、融资方等或以上兼而有之的市场主体	实施主体具体操盘项目的前期策划、融资、投资、报批、方案设计把关、施工管理、竣工验收，甚至物业管理等环节。作为城市更新的主要推动者，实施主体通过投入资金和社会资源，换取城市更新前后因土地价值释放带来的经济利益及社会效益
产权主体	一般指物业权利人、受项目影响的周边居民和租户。其中物业权利人又可细分为政府、市场主体、产权人	政府追求综合效益最大化。市场主体追求利润最大化。产权人关注更新项目中的个人具体利益最大化
第三方	服务型机构：为城市更新提供专业技术支撑，如咨询、设计、法律、金融、财税等；非政府组织、社会团体：为城市更新提供政策解读、形势研判和实践评析	通过协调上述三者关系，促进城市更新项目实施，第三方在此服务过程中获得相应的报酬。待城市更新项目建成后，还可作为第三方的工作业绩，增加社会知名度和影响力

案例：北京隆福寺文化商业区复兴

设计团队从运营角度出发，提出由“东城区政府以隆福广场等隆福寺地区可经营性资产入资，市国资公司以隆福大厦等隆福寺地区房地产及必要现金入资”，共同设立项目公司（即北京新隆福文化投资有限公司）负责隆福寺文化商业区的整体开发、建设及经营。这一提议将利益相关方“化零为整”，产权主体和实施主体合二为一，减少了在实施过程中的利益纠葛，有助于项目的顺利推进（图5-1-15）。

① 李小东，张玉鹏，李德．合肥瑶海区旧城更新改造规划路径探索[J]．规划师，2018，34（S1）：44-49.
② 王书评，郭菲．城市老旧小区更新中多主体协同机制的构建[J]．城市规划学刊，2021（3）：50-57.

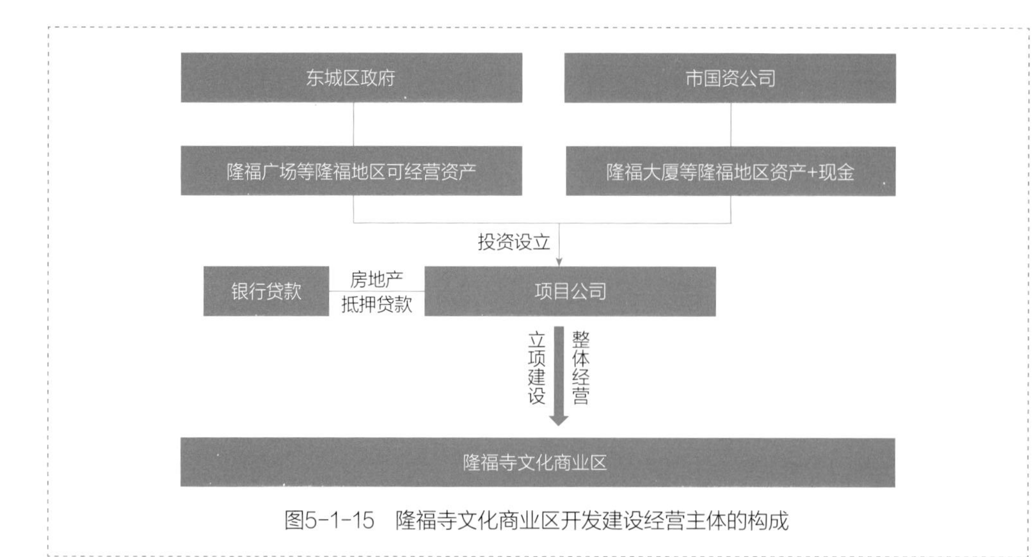

图5-1-15　隆福寺文化商业区开发建设经营主体的构成

案例：北京杨梅竹斜街环境更新及公共空间营造项目

在方案设计与实施过程中，项目组与每一户利益相关的居民进行沟通，了解他们的切实需求并提出解决方案，在复杂的利益之间博弈，兼顾各方需求（图5-1-16），以此希望在改善当地居民居住环境的同时，修复和重建老北京胡同中和谐的邻里关系和文化意境。

图5-1-16　设计团队开展居民需求调研工作

图片来源：谢晓英．北京杨梅竹斜街环境更新及夹道公共空间营造项目[J]．风景园林，2018，25（4）：66-69.

第二节　相关资料收集分析

城市更新项目往往具有大量的、复杂的建设条件和背景信息，因此在设计伊始，需要收集并分析项目能耗数据、与之相关的政策法规、标准规范、上位规划、建设档案资料等，从而合法、合规、合理地推动项目实施。

一、收集分析项目能耗数据

对于城市更新项目，调查收集能耗相关数据，可以为后续绿色低碳设计提供依据，达到倡导绿色理念、节约建设成本的目的。

能耗数据包含建筑的电、水、煤、汽油、天然气、液化石油气等。分类比较能耗数据，识别场地内碳排放源、高耗能和高碳排放的建筑或设施，为后续更新提升提供思路。

同时也需对影响能耗数据的其他相关数据进行调查与收集，主要包括气候、场地等。气候数据包含项目所在城市的温度、湿度、太阳辐射、降雨、主导风向等，对气候数据的收集可作为后续设计中选择适用被动节能技术的基础，并应确认项目所在建筑气候区，明确对建筑防寒、防冻、防风、防热的相关规范要求。场地数据包含场地的地形、地貌、地质、绿化、水体、周围建筑分布等，是研究对建筑环境微气候影响的基础，并为改造提供设计依据。在城市更新项目中，通过分析气候与场地地形等影响能耗的相关数据条件，对项目进行针对性设计处理，在一定程度上可以减少建筑能耗。

二、解读相关政策法规要求

在开展设计前，应重点收集项目所在地政府已出台的相关配套政策和法规，涉及地方性法规、地方政府规章及土地、规划、财政、税收、金融、建设审批等方面的规范性文件（表5-2-1、表5-2-2）。

与城市更新有关的地方政策（举例）　　表5-2-1

层级	名称	发布机构
地方性法规	××市城市更新条例	××市人大常委会
	××市历史风貌区和优秀历史建筑保护条例	
	××市无障碍环境建设条例	
地方政府规章	××市城市更新管理办法、××市城市更新办法	××市政府

续表

层级	名称	发布机构
地方政府规范性文件	××市城市更新管理办法实施细则	××市政府
	××市人民政府关于实施城市更新行动的指导意见	××市政府
	××市人民政府关于提升城市更新水平促进节约集约用地的实施意见	××市政府
市级政府部门、区县级政府规范性文件	××市规划和自然资源委员会关于印发《××市城市更新历史用地处置暂行规定》的通知	市级政府部门、区县级政府
	××市××区人民政府关于印发进一步加强××区城市更新改造项目管理意见的通知	
	××市规划和自然资源委员会××市住房和城乡建设委员会××市发展和改革委员会××市财政局关于老旧小区更新改造工作的意见	
	××市发展绿色建筑推动绿色生态示范区建设财政奖励资金管理暂行办法	

与绿色低碳有关的地方政策（举例） **表5-2-2**

层级	名称	发布机构
地方政府规章	××市绿色建筑标识管理办法	××市政府
	××市农村危房改造实施办法	
	××市公共建筑节能绿色化改造项目及奖励资金管理暂行办法	
地方政府规范性文件	××市绿色建筑创建行动实施方案（2020—2022年）	××市政府
	关于引入社会资本参与老旧小区改造的意见	
	××老城保护房屋修缮技术导则（2019版）	
	××市老旧小区综合整治标准与技术导则	
市级政府部门、区县级政府规范性文件	关于在基建修缮工程和旧城房屋修缮改造中同步对节能改造有关事项的通知	市级政府部门、区县级政府
	关于印发××区老旧小区综合整治工作方案（2018—2020年）（试行）的通知	
	××区支持低效楼宇改造提升的若干措施	

从法律效力上看，地方性法规（条例）、地方政府规章（办法）、地方政府规范性文件（意见）、市级政府部门及区县级政府规范性文件（意见）的法律效力依次递减。

国家层面城市更新政策主要由住房和城乡建设部牵头制定。截至目前，代表性政策有：2021年8月30日发布的《住房和城乡建设部关于在实施城市更新行动中防止大拆大建问题的通知》（建科〔2021〕63号），意在引导各地转变城市开发建设方式，坚持“留改拆”并举，以保留利用提升为主，加强修缮改造，补齐城市短板，注重提升功能，增强城市活力；2021年11月4日成文的《住房和城乡建设部办公厅关于开展第一批城市更新试点工作的通知》（建办科函〔2021〕443号），决定在北京等21个城市（区）开展第一批城市更新试点工作，提出结合各地实际，因地制宜探索城市更新的工作机制、实施模式、支持政策、技术方法和管理制度，推动城市结构优化、功能完善和品质提升，形成可复制、可推广的经验做法，引导各地互学互鉴，科学有序实施城市更新行动；2022年11月25日成文的《住房和城乡建设部办公厅关于印发实施城市更新行动可复制经验做法清单（第一批）的通知》（建办科函〔2022〕393号），介绍北京等地在城市更新统筹谋划机制、可持续模式和配套支持政策等方面的积极探索经验。

国家层面关于城乡建设领域绿色低碳的政策由多个部委牵头制定，主要涉及国家发展和改革委员会、财政部、住房和城乡建设部等。截至目前，代表性政策有：2021年9月22日发布的《中共中央 国务院关于完整准确全面贯彻新发展理念做好碳达峰碳中和工作的意见》（中发〔2021〕36号），2021年2月2日发布的《国务院关于加快建立健全绿色低碳循环发展经济体系的指导意见》（国发〔2021〕4号），2021年10月21日中共中央办公厅、国务院办公厅发布的《关于推动城乡建设绿色发展的意见》（中办发〔2021〕37号），2012年4月27日财政部、住房和城乡建设部发布的《关于加快推动我国绿色建筑发展的实施意见》（财建〔2012〕167号），2022年3月1日发布的《住房和城乡建设部关于印发“十四五”建筑节能与绿色建筑发展规划的通知》（建标〔2022〕24号）等，从经济发展、财政、建设等方面为城乡建设领域实现绿色、低碳、碳达峰碳中和提供了国家层面引导。

与城市更新和绿色低碳相关的政策法规文件大多为主动公开文件，可通过国家相关部委网站、项目所在地人大常委会、政府及相关部门网站等公开途径查询到，一些针对项目的特定文件可由项目业主向相关部门申请获取。

三、参照相关标准规范指引

目前国家层面尚未形成城市更新的相关标准规范指引，相关职能部门在推动老旧小区改造、历史建筑保护修缮、风貌塑造、公共空间品质提升等方面出台过相关标准规范指引，以作为城市更新项目设计的重要依据。另外，有些较早推动城市更新工作的城市针对规划编制出台过相关技术导则（表5-2-3）。

与城市更新有关的标准规范、技术导则（举例）　　表5-2-3

领域	名称	层级
老旧小区改造	中央国家机关老旧小区综合整治技术导则	国家机关事务管理局
	××市既有住宅小区宜居改造技术标准	地方标准
	××市老旧小区微改造设计导则	地方技术导则
建筑修缮	××市优秀历史建筑保护修缮技术规程	地方规范
	××市老城保护房屋修缮技术导则	地方技术导则
	××市三类旧住房综合改造项目技术导则	
	××市各类里弄房屋修缮改造技术导则	
风貌塑造	城市夜景照明设计规范（JGJ/T 163—2008）	行业规范
	××旧城有机更新总体风貌控制导引	地方技术导则
	××历史文化街区风貌保护与更新设计导则	
公共空间品质提升	××市绿道建设规范	地方规范
	××市中心城区小游园、微绿地规划建设设计技术导则	地方技术导则
	××市中心城区特色风貌街道规划建设技术导则	
	××市××街区整理城市设计导则	
	××市街道设计导则	
对规划设计的引导	××市城市更新空间单元规划编制技术导则	地方技术导则
	××市土地征收成片开发方案编制技术指南	
	××市优秀历史建筑保护修缮施工组织设计文件编写导则	

对于绿色低碳建筑，目前已形成较为完备的标准规范及技术导则体系，主要涉及绿色建筑、节能设计等方面内容，是城市更新项目的重要设计依据之一。2005年我国发布了《绿色建筑技术导则》，其中明确了绿色建筑的概念，对评价指标和评价标准作出了明确的阐述，并提出以节能、节地、节水、节材和环境保护为核心的绿色建筑发展理念和评价体系。此外，2006年及之后发布的《绿色建筑标准》《既有建筑节能改造规范》等为城市更新项目提供了重要的设计依据（表5-2-4）。

与绿色低碳有关的标准规范、技术导则（举例）　　表5-2-4

领域	名称	层级
绿色低碳	绿色建筑评价标准（GB/T 50378—2019）	国家标准
	绿色建筑评价技术细则（建科〔2015〕108号）	国家标准
	近零能耗建筑技术标准（GB/T 51350—2019）	国家标准

续表

领域	名称	层级
绿色低碳	公共建筑节能设计标准（GB 50189—2015）	国家标准
	建筑节能与可再生能源利用通用规范（GB 55015—2021）	国家规范
节能改造	既有建筑节能改造智能化技术要求（GB/T 39583—2020）	国家标准
	既有建筑绿色改造评价标准（GB/T 51141—2015）	国家标准
	公共建筑节能改造技术规范（JGJ 176—2009）	行业规范
	既有居住建筑节能改造技术规程（JGJ/T 129—2012）	行业技术规程
	既有建筑绿色改造技术规程（T/CECS 465—2017）	团体技术规程
	既有公共建筑节能绿色化改造技术规程（DB 11-T 1998—2022）	地方技术规程
通用改造	既有建筑维护与改造通用规范（GB 55022—2021）	国家规范
	既有住宅建筑功能改造技术规范（JGJ/T 309—2016）	行业规范
	既有建筑评定与改造技术规程（T/CECS 497—2017）	团体技术规程
	既有地下建筑改扩建技术规范（DGTJ 08-2235—2017）	地方规范
	既有建筑外立面整治设计规范（DG/TJ 08-2146—2014）	地方规范
	既有建筑改造技术管理规范（DBJ/T 15-178—2020）	地方规范

与城市更新和绿色低碳相关的标准规范均为公开文件，可从国家市场监督管理总局网站、项目所在地政府及市场监督管理局网站查询或到专业书店购买。另外，有些地方标准规范及技术导则可从当地政府有关部门处获取。

四、解析上位规划条件要求

上位规划是设计的重要依据，对设计有启发和借鉴意义，有助于明确项目定位、厘清功能和规模、拓宽设计思路。

城市更新项目所涉及的上位规划主要包括所在城市的国土空间总体规划、所在区域的控制性详细规划及相关专项规划。专项规划涉及历史文化街区、地下空间、社区生活圈、市政基础设施、防灾减灾、海绵城市、综合交通、城市设计等（表5-2-5）。在开展规划设计时，应积极落实上位规划的要求和指标。上位规划一般由项目业主提供，另外还可通过网络搜索查询相关资料和信息。

与城市有关的标准规范、技术导则（举例） 表5-2-5

名称	需要关注的内容	来源
国土空间总体规划	• 三区三线：城镇空间、农业空间、生态空间、生态保护红线、永久基本农田、城市开发边界； • 项目所在规划片区的功能、风貌等要求	市级国土空间总体规划编制指南（试行）（2020年）
控制性详细规划	• 土地使用性质及其兼容性等； • 容积率、建筑高度、建筑密度、绿地率； • 基础设施、公共服务设施、公共安全设施的用地规模、范围及具体控制要求，地下管线控制要求； • 基础设施用地的控制界线（黄线）、各类绿地范围的控制线（绿线）、历史文化街区和历史建筑的保护范围界线（紫线）、地表水体保护和控制的地域界线（蓝线）	城市规划编制办法（2006年）
历史文化街区保护规划	• 街区的历史文化价值、特点； • 核心保护范围和建设控制地带界线； • 保护范围内建筑物、构筑物和环境要素的分类保护整治要求； • 传统文化、非物质文化遗产的情况	历史文化名城名镇名村街区保护规划编制审批办法（2014年）
地下空间规划	• 地下交通设施：地下轨道交通设施、地下交通场站设施、地下道路设施、地下停车设施、地下公共人行通道； • 地下市政公用设施：地下市政场站、地下市政管线及管廊； • 地下防灾减灾设施、地下公共空间及景观绿化空间； • 地下空间与地上空间的一体化衔接	城市地下空间规划标准（GB/T 51358—2019）、上海市地下空间规划编制规范（DGTJ 08-2156—2014）
社区生活圈规划	• 基础保障型服务要素，如养老院、菜市场或生鲜超市、社区服务站、公共厕所等； • 品质提升型服务要素，如社区卫生服务站、健身房、派出所等	社区生活圈规划技术指南（TD/T 1062—2021）
市政基础设施规划	• 包括供水、防洪及河道、雨水及排涝、污水、再生水、能源、供电、燃气、供热、生活垃圾处理、电信、有线电视、综合管廊等； • 关注管线的规格、位置、埋深、走向等	北京市市政基础设施专项规划（2020—2035年）
综合防灾减灾规划	• 包括防灾分区、防灾设施、应急保障基础设施、应急服务设施等； • 关注各类灾害的防护等级、设施的位置、等级、规模； • 如果项目位于历史文化街区内，则需要对防火给予更多关注	城市综合防灾规划标准（GB/T 51327—2018）
海绵城市规划	• 项目应满足规划关于径流总量、径流污染、径流峰值的控制要求； • 既有居住、公建、商服与公用设施用地的海绵改造应解决内涝积水、雨水收集利用、雨污混接等问题； • 历史文化街区海绵城市建设应以保护文物和历史风貌为前提，着重解决内涝积水、雨污混接、管道老化、市政条件不完善等问题； • 老旧小区改造应解决内涝、污染等问题	海绵城市建设专项规划与设计标准（征求意见稿）

续表

名称	需要关注的内容	来源
综合交通规划	• 关注项目内部及周边的城市道路、停车场库、公交站点、交通设施、充电桩等	—
城市更新专项规划	• 对项目所在城市更新片区（或单元）的一系列要求，如更新方向、更新方式、更新策略等	—
城市设计	• 关注特色空间、景观风貌、开放空间、交通组织、建筑布局、建筑色彩、第五立面、天际线等内容	社区生活圈规划技术指南（TD/T1062—2021）
策划研究	• 项目的总体功能定位、规模等	—

案例：北京中关村玉渊潭科技商务区玲珑巷土地一级开发城市设计

在项目前期，重视对上位控制性详细规划的研究，应重点关注控制性详细规划中有关用地性质、用地规模、建筑高度控制、容积率、建筑退线、城市设计引导等方面的要求，并进一步将上述要求以三维空间形式表达，让原本抽象的指标变得直观、可视化（图5-2-1），有助于各专业团队在后续设计中严格落实。

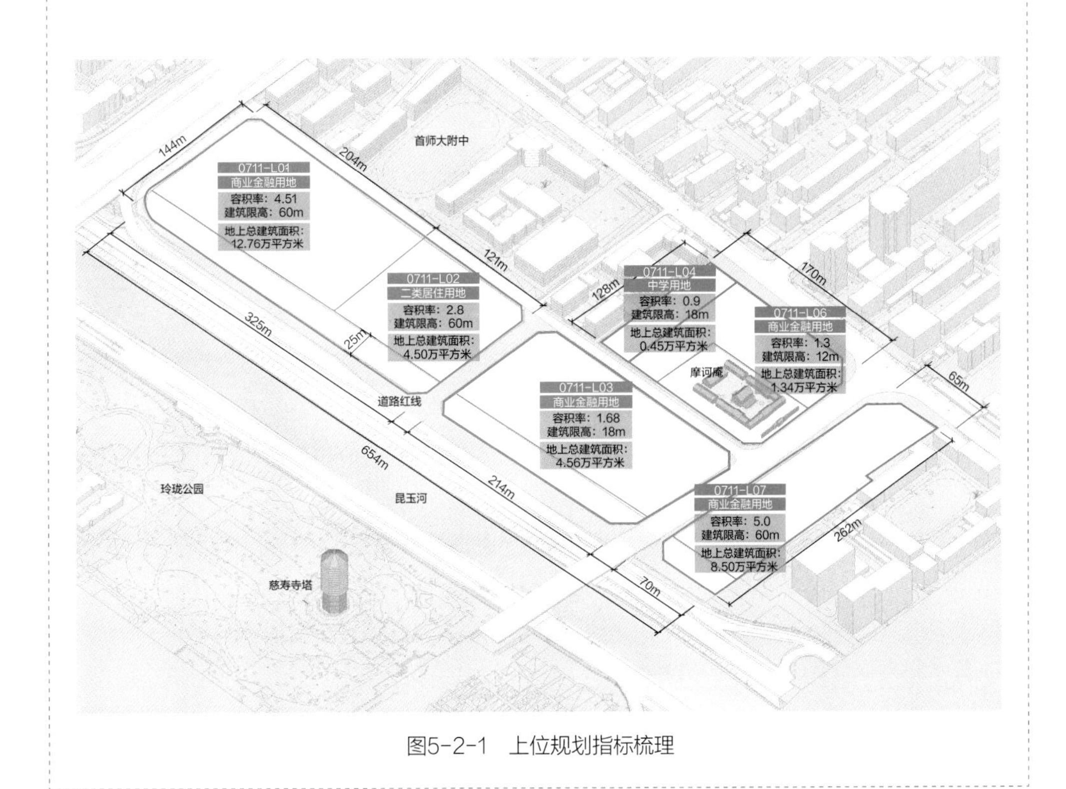

图5-2-1　上位规划指标梳理

五、查阅相关建设档案资料

通过查阅建设档案资料和建筑物理性能检测报告形成对建筑现状的客观描述，这是城市更新项目前期准备中不可或缺的一环。

所需查阅的建设档案资料包括但不限于历年存档的建筑设计图纸、照片、政府审批文件、检测报告、媒体报道等资料。通过查阅建设档案资料，调查历次对空间使用的改变、对外观形态的改动、对外墙的修补等情况。

资料获取途径主要包括：由项目业主提供，到项目所在地城市建设档案馆、区（县）资源规划局、市（区、县）档案局、市测绘院等部门调阅[①]，网络搜索等（表5-2-6）。

收集建设档案时需要关注的内容 表5-2-6

目标单位	调阅内容
××市城市建设档案馆	• 保存有大部分市管项目建设资料； • 调阅与项目有关的建设资料； • 与建筑相关的老图纸，尤其是结构图纸
××区（县）资源规划局档案室	• 少部分市管项目、非市管项目的新建、改建、扩建工程的审批和备案资料
××市、××区（县）档案局等档案管理部门	• 可以根据项目地址、项目名称、建设主体、使用单位等信息，调阅出与之有关的文史资料、历史沿革信息等
项目原建设单位、设计单位、施工单位的档案保存部门	• 整套的设计及施工图纸； • 施工、竣工照片
××市测绘院	• 地形图和管线图； • 项目的基础地理信息和配套管线情况
项目的原业主单位	• 项目的审批、备案资料； • 图文影像资料
相关网站	• 与项目相关的新闻报道、重大事件、文史资料、影像资料等

第三节　项目评估策划研究

城市更新项目由于涉及多方利益，面临着复杂的现实环境和限制条件，需要科学理

① 吴真，上海城市更新项目标准流程探讨[J]. 绿色建筑，2019，11（4）：69-71.

性的方法明确更新改造问题，协调多方参与，生成理性决策[①]。因此，项目评估策划研究是城市更新项目开始前的重要工作之一。根据国内外建筑策划理论与实践，可将评估策划工作分为评估基地空间核心价值、剖析人群业态总体特征、研判项目主要目标定位、优化规划设计任务条件。

一、评估基地空间核心价值

对拟实施城市更新的项目，要及时开展调查评估，梳理评测既有建筑、室外公共空间状况，明确应保留保护的清单，运用恰当的评估方法发现项目的潜在价值，如生态价值、经济价值、社会价值、文化价值等，有助于明确"留改拆"范畴，作出正确的项目决策。

1. 既有建筑的留改拆评估

"坚持留改拆并举，以保留利用改造为主"是在建筑层面实现绿色低碳的必然选择。尽可能多地保留既有建筑、构件和材料，开展适应性改造以提升建筑安全、节能、使用性能；尽可能减少拆除量，少而准地拆危、拆违，拆"建"留"材"，以减少建筑垃圾处理、新建材生产环节的碳排放。

结合专业机构的检测鉴定报告，从结构、材料、外观、构件、各空间的使用情况及未来的使用意向等方面全面诊断、找出问题。典型诊断方法包括现场考察评估、建筑结构强度检测、环境性能评估等（表5-3-1）。

既有建筑诊断方法　　表5-3-1

类别	内容描述
现场考察评估	组织利益相关方代表一同考察项目现状，记录各空间的使用情况，初步评估既有建筑存在的问题[②]
结构强度检测	针对旧建筑的新用途，对其结构进行安全性和荷载强度检测，以确定其适用性[③]
环境性能评估	针对现存建筑在当地气候的典型年和典型日下的能耗表现、能耗、室内舒适度、空气质量等进行检测，对任何可能导致能耗升高的设计、结构或构造缺陷（如导致夏季室内过热的开口设计、围护结构的冷桥、内部冷凝等）进行详尽的调查分析，以全面了解建筑现状，为改造设计提供参考[④]

① 黄也桐，庄惟敏，米凯利·博尼诺．城市更新中的建筑策划应对实践——以都灵费米中学改造项目为例[J]．世界建筑，2022（2）：84-91．
② 同上。
③ 刘少瑜，杨峰．旧建筑适应性改造的两种策略：建筑功能更新与能耗技术创新[J]．建筑学报，2007（6）：60-65．
④ 同上。

案例：北京西郊汽配城改造

北京西郊汽配城位于西四环四季青桥东北角，建于1994年，总占地面积10万平方米，绿化面积5万平方米，建筑面积超5万平方米，经销商近千户，年营业额超10亿元。为了更好地支持首都“四个中心”建设，汽配产业成为第一批被疏解的非首都功能，西郊汽配城也于2014年停业，更新改造随即提上日程。

基于将西郊汽配城需要转型升级为中关村四季科创中心这一核心需求，项目组需要对既有场地和建筑开展评估，从而明确每栋建筑的改造利用方式。明确临时建筑和违法建设。一类是满足专业化市场临时使用搭建的不具备建筑基本特征的构筑物，另一类是明显侵占了城市公共资源的建筑。评估建筑的安全和质量，重点关注其抗震安全、消防安全、保温节能、舒适度等方面。通过新定位和功能使用，增强建筑的抗震安全和消防安全，优化保温节能效果，提升居住舒适度。评估建筑的空间、功能和品质，包括对内部交通流线、建筑尺度功能适应性、立面开窗采光、建筑间距等开展的评估，为后期设计提供依据（图5-3-1）。

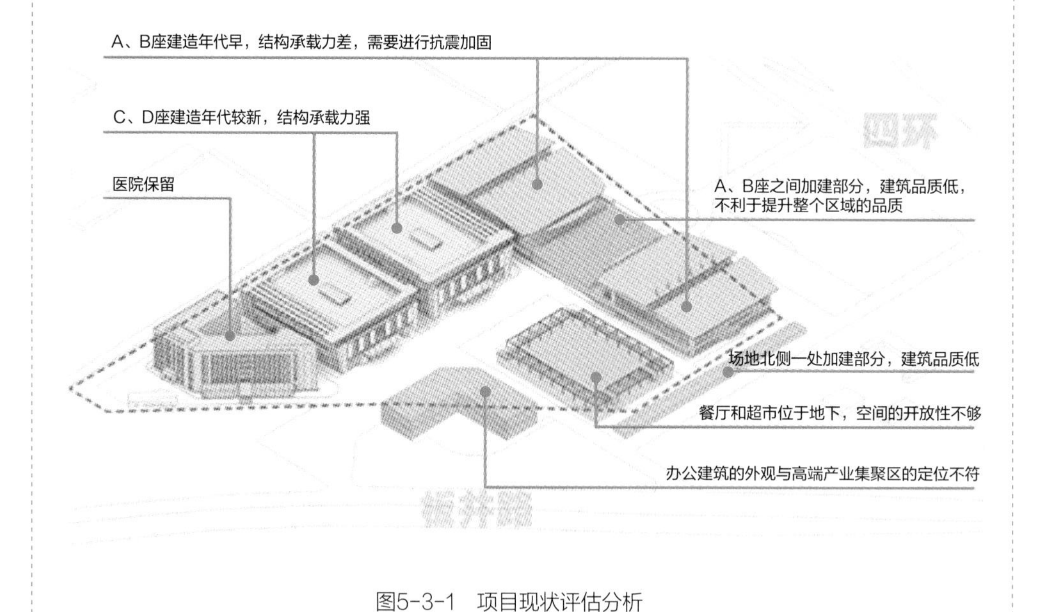

图5-3-1 项目现状评估分析

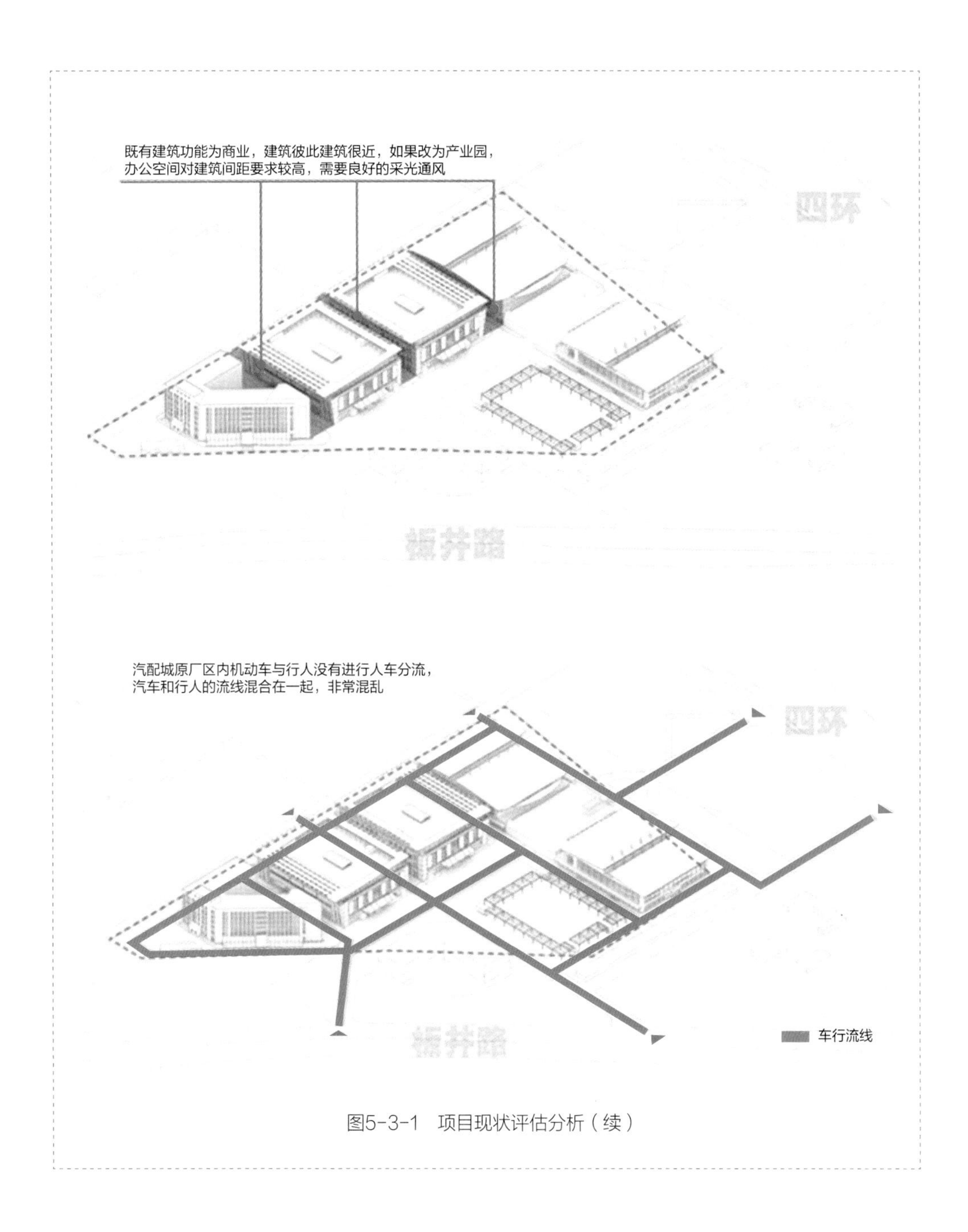

图5-3-1　项目现状评估分析（续）

2. 室外公共空间评估

通过室外公共空间评估，有助于挖掘基地空间的潜在价值，平衡开发中的外部效益，为空间再利用提供决策依据。

案例：上海延安中路816号“严同春”宅（解放日报社）改造

通过现场调研与资料收集，设计团队提出“严同春”宅的核心价值与场所精神在于保留至今的“院廊体系”（图5-3-2），进而提出在始终维持院廊空间体系及花园空间体系相对完整的基础上进行院落及建筑更新改造的核心策略。

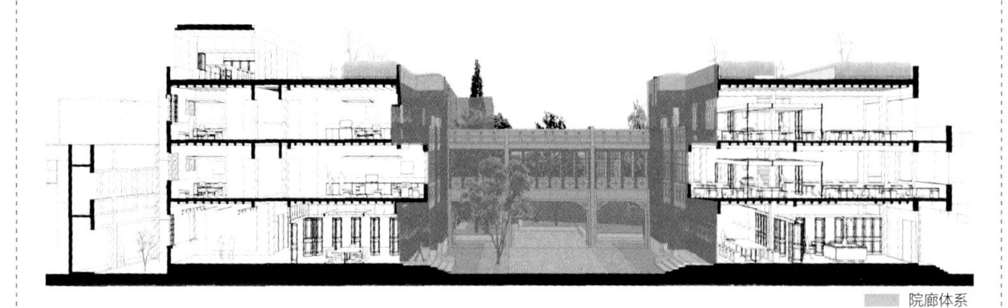

图5-3-2 “严同春”宅院廊体系剖面图

图片来源：改绘自 章明，高小宇，张姿. 向史而新延安中路816号“严同春”宅（解放日报社）修缮及改造项目[J]. 时代建筑，2016（4）：97-105，96.

3. 可行性分析

在完成对既有建筑和室外公共空间的诊断评估后，还应结合项目建议书、可行性研究报告等，重点对项目未来的功能构成和经济效益作进一步分析判断，以更好地支撑项目的可行性（表5-3-2）。

可行性分析方法 表5-3-2

类别	内容描述
功能可行性分析	基于对既有建筑各部分之间的关系和空间利用研究，判断既有建筑是否能够满足新的功能植入和功能提升等方面需求
经济可行性分析	将改造投资与改造后建筑性能提升的收益，以及将改造与新建进行对比分析，以确定改造的总体可行性，为决策提供依据[①]

① 刘少瑜，杨峰. 旧建筑适应性改造的两种策略：建筑功能更新与能耗技术创新[J]. 建筑学报，2007（6）：60-65.

案例：广州增城区宁西街道太新路人居环境整治工程

项目设计工作与《宁西街城区人居环境整治工程可行性研究报告》编制同步进行，项目规模、环境影响评价、实施计划、工程估算、社会效益及社会稳定风险分析等内容与设计工作统筹协调推进，从而在设计方案能够清晰落实沿路各节点的具体设计范围、设计内容和技术方案，保证工程能够顺利推进（图5-3-3）。

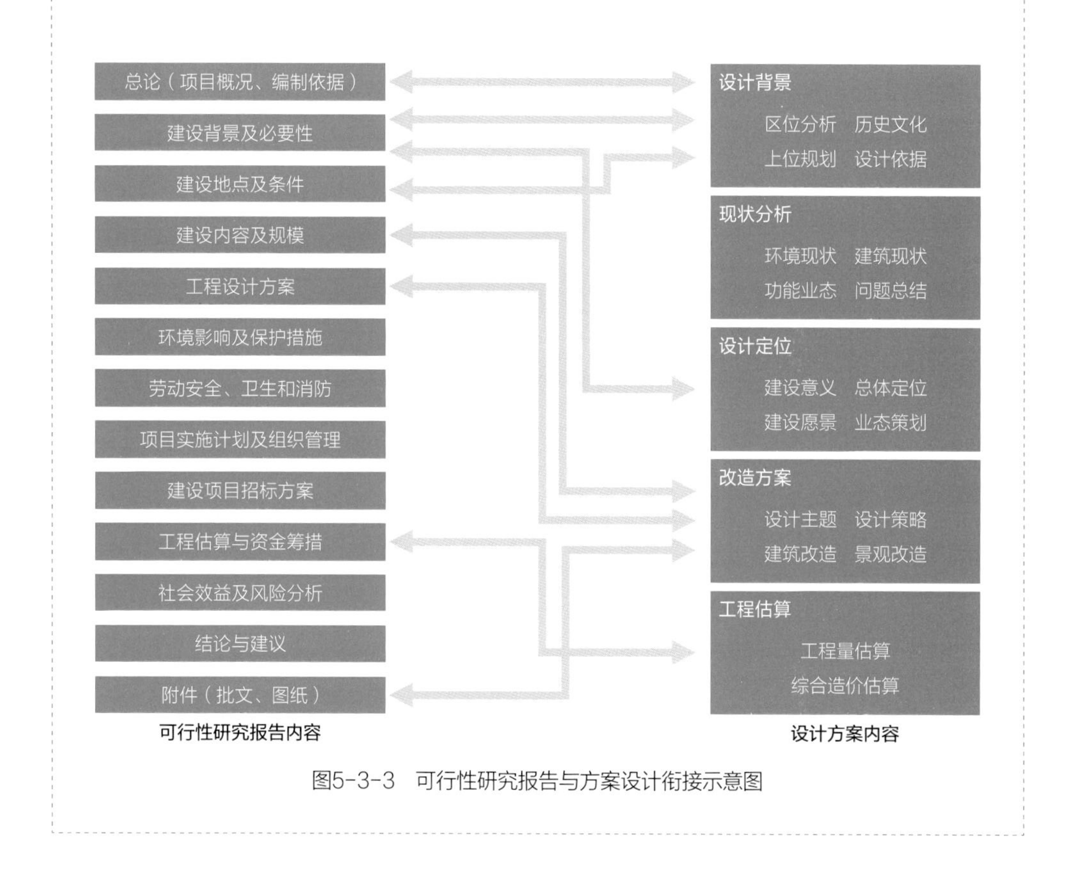

图5-3-3　可行性研究报告与方案设计衔接示意图

二、剖析人群及业态总体特征

城市更新项目与使用者的日常工作和生活密切相关，通过人群画像与业态研究，分析使用人群和市场的基本情况及相关动态，有助于让设计方案更有针对性、更好地实施落地。

1. 分析服务人群

技术路线以现场调研访谈、发放问卷为主，结合大数据、人工智能、神经网络等高科技手段，通过甄别人群属性、采集活动信息，分析提炼各类使用人群的行为规律（表5-3-3）。

分析服务人群的主要方式　　　　**表5-3-3**

类别	内容	方法
甄别人群属性	年龄、性别、职业、社会阶层等	• 根据项目的性质、业态等，对项目的使用人群及相关人群进行划分
采集活动信息	通勤、工作、运动、购物、社交、娱乐、休闲等	• 采用现场踏勘、人员访谈、发放问卷等方式获取一手资料； • 与互联网平台、项目所在地的城市运营管理部门（如交管局、大数据局等）、移动通信公司、公交公司等开展合作，获取相关数据资源
提炼行为规律	消费习惯、出行方式偏好、空间使用偏好	• 通过绘制轨迹图、热力图等图示、图表，直观地表现某一属性人群的行为规律

案例：南京艺术学院校园改造规划

项目前期以问卷形式重点对学生、教师、校工等校园主要人群进行需求调查。本次调查共分为教学设施、校园景观、公共服务设施、学生生活设施、休闲娱乐活动场所五个方面，共回收有效问卷500份，收集350人次意见建议（图5-3-4）。通过剖析人群行为、需求、建议，明确校园内应重点关注的节点及改造的方向。

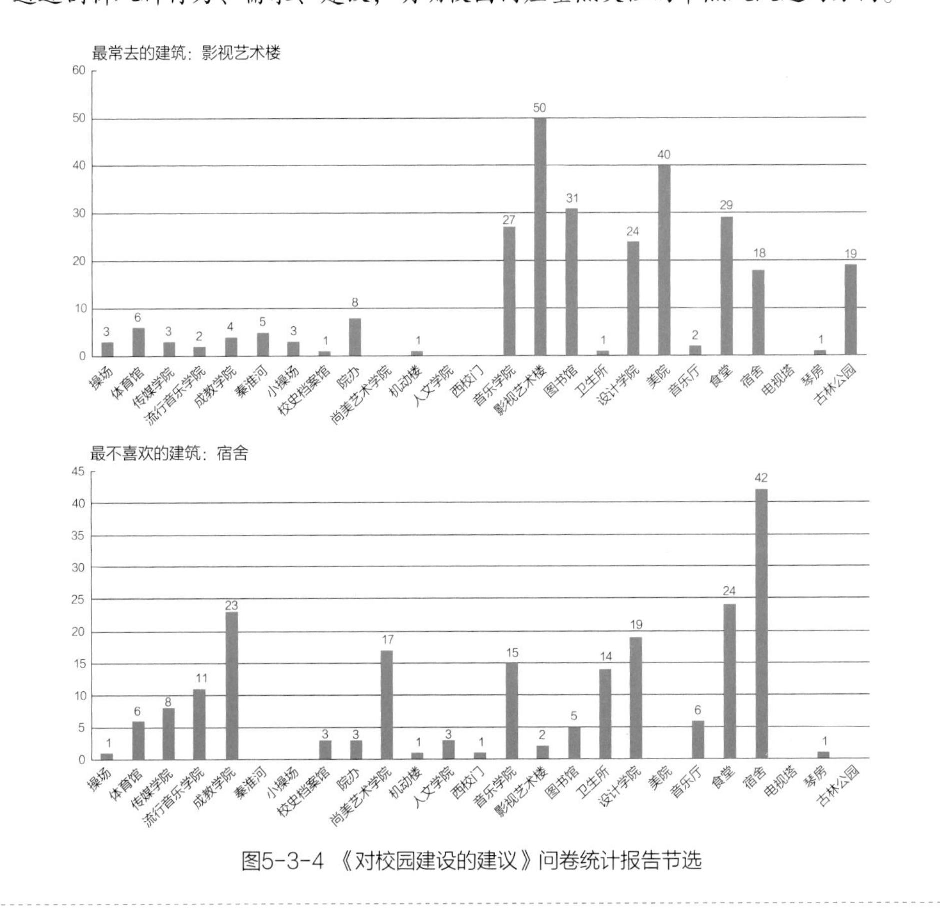

图5-3-4 《对校园建设的建议》问卷统计报告节选

案例：青岛崂山区商务二区、三区街区更新设计导则

作为青岛市的城市副中心，崂山商务区于2008年开始建设，经过多年的开发建设，中央商务区已基本成形。但是随着入驻企业和人员的增加，商务区在交通、配套服务设施、公共空间、景观风貌等方面存在一些亟待解决的问题。通过制定街区更新设计导则，引导区内相关政府部门、产权单位、规划设计人员有序开展城市更新活动，将商务区建设成为国际一流的财富管理中心和城市创业生活区。

项目通过实地调研与大数据分析，绘制片区内7时至22时人口分时分布热力图，识别人们出行行为规律、密集出行时间及重点地段，从而明确交通堵点，为后续设计提供依据（图5-3-5）。

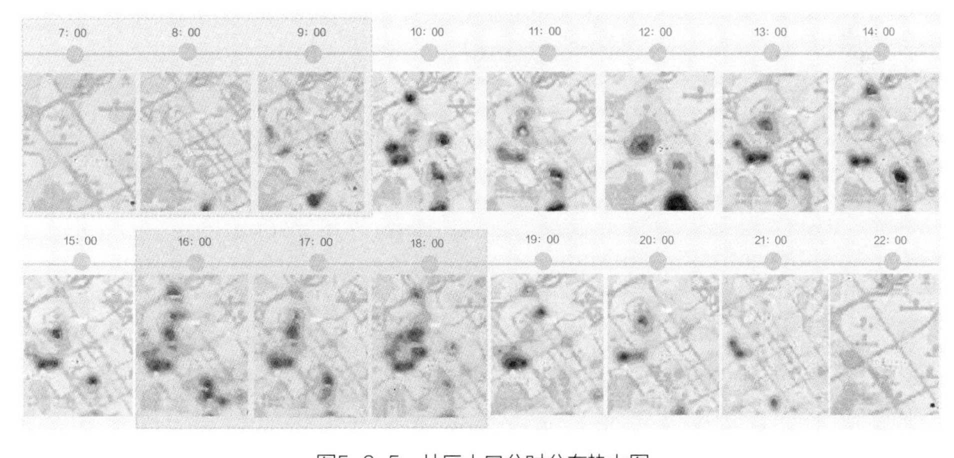

图5-3-5　片区人口分时分布热力图

2. 研究区域业态

对于与市场相关的城市更新项目，需要了解项目所在片区的业态特征。通过研读与项目有关的规划、策划、研究资料，结合现场踏勘，采用区域市场分析、对标案例研究、区域重点项目分析等方法，建立起对项目所在片区现状及未来业态的基本认知，提出项目自身的业态需求和经营模式构想。

案例：北京隆福寺文化商业区复兴

通过梳理东城区旅游业收入、游客数量与增速等数据，以及在北京市排名情况（图5-3-6），分析发现在北京市层面东城区旅游产业发展良好且有很大的发展潜力，并提出对地区发展的研判，即旅游服务业将成为未来东城区经济增长的主要驱动力。

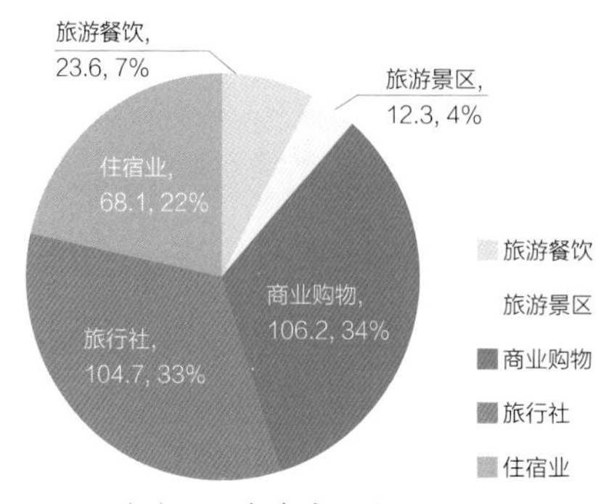

（a）2010年东城区旅游收入结构

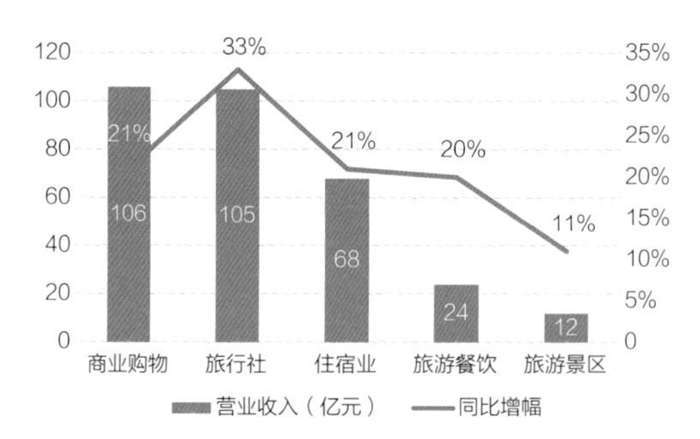

（b）2010年东城区分类旅游收入和增幅

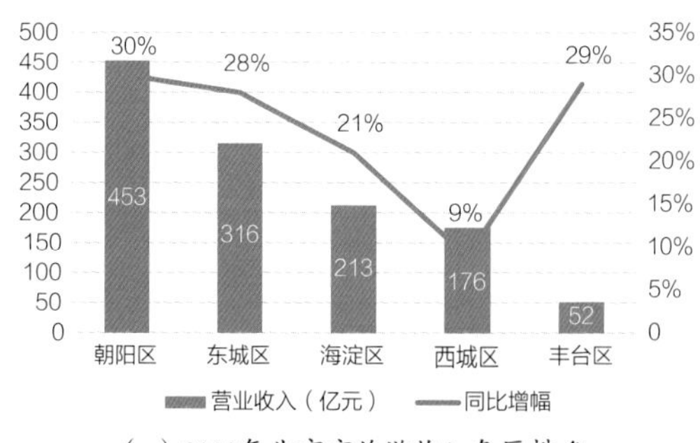

（c）2010年北京市旅游收入各区排名

图5-3-6 北京东城区旅游产业相关数据分析及在北京市排名情况

三、研判项目主要目标定位

基于对场地内现存空间的核心价值评估、使用人群业态总体特征的剖析，结合相关规划策划及研究成果，研判已有项目主要目标定位、功能构成是否符合当前的业主需求和政策要求，同时可以对比同类型项目，梳理分析项目优势与劣势，进一步提升、细化项目定位。

四、优化规划设计任务条件

1. 优化设计任务书

根据利益相关方诉求和最新项目定位，结合绿色低碳理念、相关技术和相似优秀案例，进一步优化设计任务书中的设计原则、功能构成及各部分的规模、技术要求，完善设计任务。

案例：南京艺术学院校园改造规划

南京艺术学院创办于1912年，是中国独立建制创办最早并延续至今的高等艺术学府，中国六大艺术学院之首，艺术学科综合实力位居全国第一。2005年，南京艺术学院成功将一墙之隔的南京工程学院老校区纳入了自己的版图，因此对两个老校区的整合、对既有建筑的改造利用、对校园空间潜质的挖掘等成为规划的主要切入点。

结合现状调研、管理部门的意见、使用人群需求，进一步明确学院各个区域改造的任务与目标，如改造规模、亟待解决问题、改造意向、改造目标等（表5-3-4），为下一阶段建筑单体和环境景观的改造设计确定方向。

各规划分区的规划任务、目标或问题一览表　　表5-3-4

编号	分区	项目	规划任务、目标或问题
A	演艺中心区	—	• 增加新的教学和表演设施34400m^2（增加艺术空间）; • 建立南北校区的主要联系; • 为集中的公共使用提供重要的城市空间; • 对周边各个中心的整合（功能上和结构上）

续表

编号	分区	项目	规划任务、目标或问题
B	图书馆	—	• 增加二期图书馆4300m^2，完善图书馆的各项使用功能。同时将公共教学区连成一片，形成校园公共教育中心； • 考虑图书馆区在小区整体结构中的可达性和通畅性，与教学、宿舍区的联系和与食堂的关系； • 增设或将部分原有功能改造为展览、书店等艺术活动空间； • 利用坡地妥善处理坡地高差和空间尺度
C	新宿舍和博物馆区	—	• 该区域的围墙和大量的低矮建筑被拆除，而后拟建宿舍38300m^{2}和博物馆5200m^2； • 安置大面积的宿舍； • 将毗邻的宿舍、音乐厅、博物馆、机动教学楼以及电影学院楼和谐地统一在一起
D	设计学院	—	• 调整原有建筑的功能和空间（连接和扩建，约12000m^2）； • 增加新的工作室和制作车间； • 利用地形调整和完善运动设施； • 解决邻近校门的停车问题
E	东门校区	影视中心广场	• 广场四周的建筑风格各异，缺乏积极的对话
		环境整治	• 入口区环境中绿化组织缺乏条理，设施凌乱，空间引导性不强，需要整治和梳理
F	南宿舍区	食堂	• 以食堂为中心的生活区空间环境亟待改善
		宿舍	• 维持原有简单、明晰的节奏和秩序，并在其中插入丰富的活动要素，以激发生活区多样性的行为方式
G	南校门区	空间序列	• 台阶式的入口区礼仪性空间序列的整理与加强
		绿岛	• 由山体延伸出来的绿岛的视觉景观可进一步利用，并有必要挖掘林下空间的价值
		行政办公楼	• 对行政办公楼进行更新和改造，对其背面的消极空间进行改善
		停车	• 解决入口区的停车问题
H	体育运动区	场地调整	• 设计学院北侧运动场地的调整和利用
		边缘激活	• 开发大运动场西边界区域的潜力
I	北宿舍区	沿路校园空间	• 对原有东西向主干道路两侧的建筑界面和空间格局进行完善
		绿地	• 改变小绿地不能进入的状况，加强与古林公园的联系

续表

编号	分区	项目	规划任务、目标或问题
I	北宿舍区	传媒学院中庭	• 教学与宿舍共同使用一个庭院的矛盾
J	附中区	内院	• 随着建筑功能的转换，原附中建筑群围合的内院打开，加强与东侧广场的联系
		坡地	• 体育馆北侧坡地与南侧和东侧室外空间的联系
K	“脊椎”	主“脊椎”	• 秉承着加强南艺校园艺术氛围的目标，这条南北向隐含的空间链串联起一切能够激发师生艺术潜力的活动空间与场所，成为艺术校园的活力之源
		次“脊椎”	• 另外两个空间序列的焦点分别是生活区和运动区活动的丰富性和多样性

2. 优化规划条件

为实现空间和土地的绿色、高效、可持续利用，可通过划分合适的地块规模，提高路网密度，倡导公共与慢行交通出行，倡导土地混合使用，提高用地兼容性，完善公共服务设施，保持合理的容积率、绿地率及建筑密度，地上地下空间一体化开发，提升公共空间占比等方式优化城市更新项目的规划条件。如涉及调整控制性详细规划，应充分论证新方案的优越性、可行性，经专家评审后启动相应的规划调整审批流程，具体流程应依据所在城市政府的相关规定。

案例：昆山玉山广场站城市更新（南区控规调整）

方案以满足人的需求、营造更好的体验空间为切入点，从梳理道路交通、整合零碎地块、优化用地性质三方面调整了原有控制性详细规划，从而更好地营造绿色、开放、共享的昆山老城区的核心空间。

在梳理道路交通方面，结合场地周边众多文化建筑，适合发展成为历史文化主题商业街区。因此将前浜路、西园路和琅环里路调整为慢行步道以适应街区式商业模式，加强商业氛围。在整合零碎地块方面，原有控规对南区地块划分过于零碎，不利于统筹建设。因此，在保证对整体空间有效控制的前提下，将原先的28个地块整合为7个地块，从而提升用地混合性和灵活性。

在优化用地性质方面，主要是增加了文化和商住混合用地比重。首先，原地块中现存侯北人美术馆和徐士浩宅两个文物保护建筑，适合将该区域打造成历史文化街区，因此将其所在地块改为文化用地，打造整体文化氛围。为满足居住需求和平衡开发建设资金，在场地南部设置高品质商品住宅区及折迁安置住房（图5-3-7）。

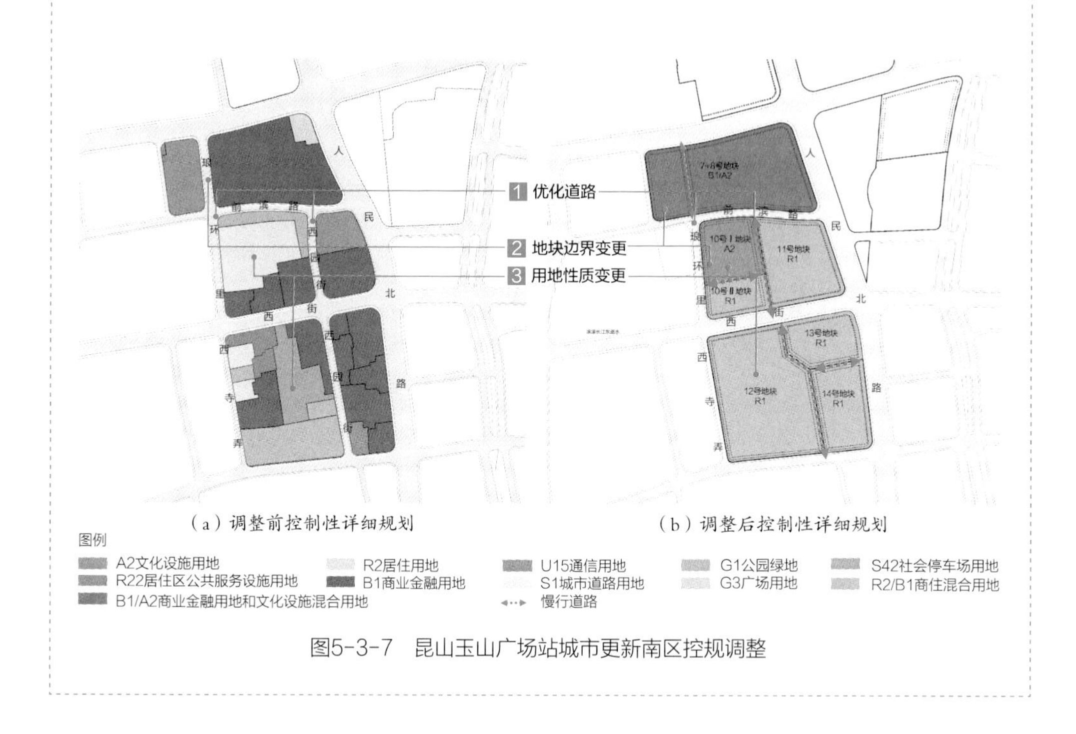

图5-3-7　昆山玉山广场站城市更新南区控规调整

第四节　制定绿色低碳方案

随着国家生态文明建设持续推进，绿色低碳理念不断深入人心，因此城市更新项目在前期准备阶段就需要制定出绿色低碳方案，明确绿色低碳设计导向、构建绿色低碳指标体系、提出绿色低碳设计的主要策略。

一、明确绿色低碳设计导向

结合城市更新项目的自身特点、所在片区的建设现状、场地及周边的其他因素，合理确定绿色低碳设计导向（表5-4-1）。

绿色低碳设计导向可包括场地的土地高效利用、绿色建筑与改造、能源利用、能耗统计、生态景观修复等方面。

绿色低碳设计目标影响因素汇总　　表5-4-1

类型	内容
自身特点	• 保留建筑与新建建筑规模； • 既有建筑节能改造比例
所在片区建设现状	• 慢行空间的通达性； • 场地的功能复合利用情况； • 人均公共绿地面积； • 片区绿容率； • 片区绿化覆盖率； • 道路网密度； • 公共服务设施覆盖情况； • 公交站覆盖率
场地及周边现状	• 绿色低碳建筑占新建建筑比例； • 单位建筑面积能耗； • 自产清洁能源占消费能源比例

案例：南京江苏园博园孔山矿片区（未来花园）项目

江苏园博园所在的孔山矿片区是始建于1921年的中国水泥厂的第二个石灰石矿区。孔山片区在2021年成为第十一届江苏省园艺博览会的博览园之一，并在会后转变为旅游度假区，拥有酒店、植物园、餐厅、咖啡、室外剧场等功能。场地北侧山坡下为园博园二号入口，南侧为现状崖壁，西侧山坡下由于多年的开矿挖掘形成了1.2km长、100m宽、200m高的废弃矿。

通过对孔山矿矿坑区域的生态环境及发展诉求的研究，充分利用和修复岩壁和矿坑等场地要素，避免开发对场地生态造成进一步破坏。根据矿坑生态修复相关技术标准，结合园博园建设需求，提出尊重自然环境、保护工业遗产、加固利用、挖掘潜质等设计导向，最终达到生态、绿色、可持续的绿色低碳设计目标愿景（图5-4-1）。

确定顺应地势高差、因地制宜确定主体功能、促进业态功能与生态环境渗透交互、智慧化数字化技术协同等多项具体的绿色低碳设计指导方向。

图5-4-1 未来花园设计目标研判

二、提出绿色低碳设计策略

城市更新项目的绿色低碳设计策略应以科学性、动态性、可操作性为原则，针对项目现状和“留改拆”措施，分区分类提出策略。

保留更新项目中有价值的建筑物、构筑物、建筑材料及绿化植被，加大对项目场地内历史文化资源的保护力度。

结合改造需求与绿色低碳技术，提升建筑在空间、结构、性能等方面的节能水平；优化建筑供能方式，降低项目能耗水平。

应留尽留，避免大规模地拆除和重建，仅将违法建筑、保留价值较低的老房危房以及生态红线、永久基本农田内的建筑等作为主要拆除对象；提高对建筑废弃物的无害化处理及回收利用率。

案例：青岛国际邮轮港城启动区城市设计

青岛国际邮轮港拥有9km黄金海岸线和4.1km^{2}土地资源，是落实青岛“三湾三城”空间战略、建设国际湾区都会的核心节点。启动区位于港城南翼，占地面积77hm^2，将重点发展邮轮游艇及其配套产业，并充分利用百年码头、铁路、验潮站、胶海关等历史文化遗产和粮仓、塔吊等工业遗存发展文化旅游产业。

绿色低碳是启动区的主要发展目标之一，通过分析场地既有公共空间，提出针对绿色低碳设计的三大策略（图5-4-2）。

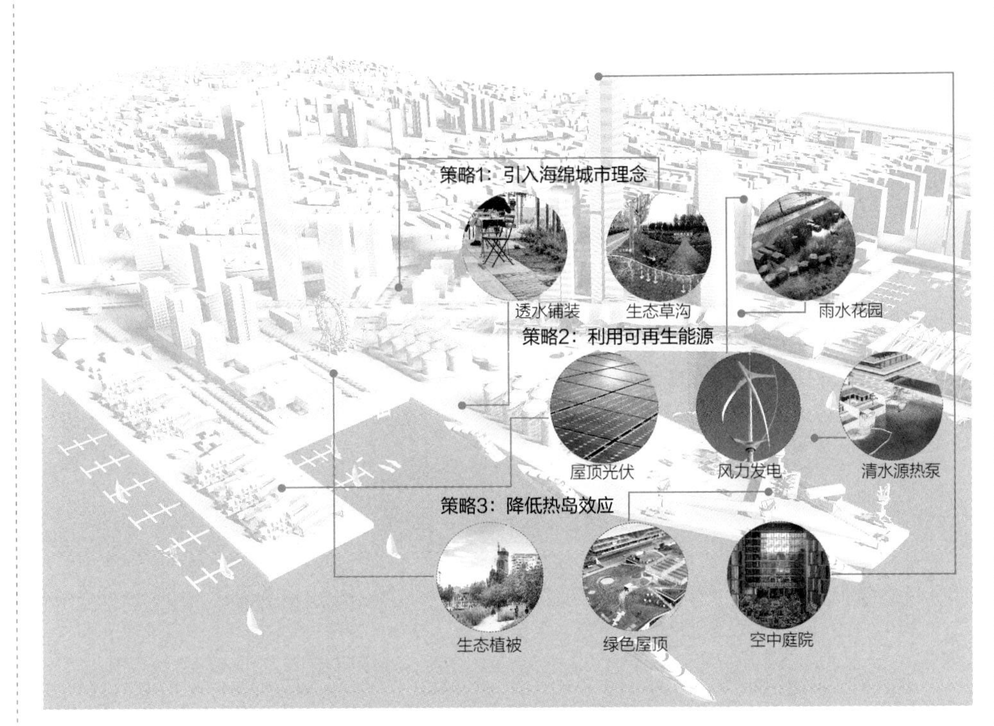

图5-4-2　青岛国际邮轮港城启动区城市设计绿色低碳设计三大策略

策略1：引入海绵城市理念。增加透水铺装、生态草沟、雨水花园等雨水滞蓄、收集设施，提高雨水利用率。

策略2：利用可再生能源。结合场地紧邻海边的地理优势，利用丰富的太阳能、风能、海水热能等资源，提高可再生能源使用比例。

策略3：降低热岛效应。充分利用保留植被，增加乡土植物占比，通过街边绿化、立体绿化、屋顶绿化等措施增加场地和建筑遮阴。

第六章

绿色低碳导向的
城市更新规划设计指引

根据城市更新项目所在地的城市体检报告结果，城市更新设计人员需要从街区层面全面了解项目的现状，结合问题导向和目标导向，运用城市设计理念和方法，系统地提出相关策略，并指导后续的设计工作，以落实上位政策、规划要求及各方诉求。

第一节 塑造绿色低碳空间结构

一、空间结构

城市空间结构是指城市的大小和形状，以及城市范围内居住、工作和其他活动的分布，它主要由四大因素组成——地理特征、相对可达性、规划建设控制和动态作用。[①]合理的空间结构应具有复合的特征，包括满足居民的近距离出行原则、用地集中化原则、土地开发紧凑合理原则、功能复合多样原则、生态空间系统完整原则等。

案例：昆山玉山广场站城市更新

城市设计范围属于昆山市老城区核心，现状涉及商务金融、商业、居住、文化、体育、公园绿地、广场、社会停车场、城市轨道交通、文物古迹等类型用地，用地性质极其多样，地块切分较为零碎，地块边界犬牙交错，导致总体空间形态混乱。

方案对用地、交通进行了梳理和整合，进而优化既有空间形态。首先，以玉山广场、市民活动中心、琅环公园为主要节点确立多中心片区基本格局；其次强化玉山广场城市主轴线，调整错位城市道路；最后结合用地功能和发展设想，设置混合功能片区，形成区域整体空间及结构（图6-1-1、图6-1-2）。

① 刘露．天津城市空间结构与交通发展的相关性研究[D]．上海：华东师范大学，2008.

图6-1-1　昆山玉山广场站城市更新方案空间结构

图6-1-2　昆山玉山广场站城市更新方案效果鸟瞰图

二、用地规划

用地规划主要从节约集约土地、用地职住平衡和土地混合使用等方面进行设计引导。

1. 节约集约土地

提高土地利用效率，以节约、集中、高效的方式利用土地，获取更高的土地效益和经济效益是土地节约集约利用的重要目标。我国地域辽阔，各地区土地利用方式存在较大差异，对土地利用效率的评判标准也有所不同。通常情况下，评价土地利用效率主要从经济、生态、生活等多个角度考量，土地节约集约利用涉及建筑、农业、工业等多个行业[①]，因此具有一定的复杂性。

为了实现更高的经济效益，提升土地利用效益和效率成为土地节约集约利用的基本要求。在利用过程中，采用增加有效投入、获取产出的经营方式是节约集约利用的基本原则。通常情况下，需要从多个维度、多个层次出发，充分利用土地的立体空间，实现一地多用。

在街区、地块尺度的地节约集约方面重点关注用地开发强度和适当的用地性质。土地开发强度应综合权衡项目所在城市发达程度、规划区域所在的城市区域位置、生态环境敏感度、基础设施公共服务设施承载能力、城市空间形态和谐统一等内容，还需要满足建设项目经济层面的需求，确定更新项目用地合理的开发强度。用地性质在通常项目中都有控制性详细规划具体规定，但在更新类项目建设中具有调整可行性，应权衡项目经济效益、社会效益等因素并通过相应审批流程进行用地性质的调整和优化。

2. 用地职住平衡

通过协调土地利用和就业岗位的方式，实现用地布局的均衡化。建立多中心和多组织团体的城市结构，以促进产业和人口在空间上的合理布局。通过调整土地布局，增加居民就业机会，形成绿色低碳的职住空间。

案例：河池六桥商圈城市更新概念方案

六桥商圈的用地位于河池市金城江区，龙江两岸，江北场地现状为始建于1940年的铁路货场，江南场地现状为原河池地委大院及棚户区。当地政府希望六桥商圈今后能整体开发成居住区和配套大型商业设施。经现场调研访谈，方案基

① 郑晓雨．新型城镇化进程中土地节约集约利用问题探讨[J]．四川建材，2022，48（9）：49-50.

于“职住平衡”理念，提出保留部分铁路货场的建筑、地委大院内的行政办公楼，分别更新改造成为铁路特色商业文化街区及5A级写字楼，其余用地开发为居住小区及综合商业设施，既能保留场地传统历史记忆，又能增加居民的就业机会，减少通勤交通量，促进产业和人口在空间上的合理分布（图6-1-3）。

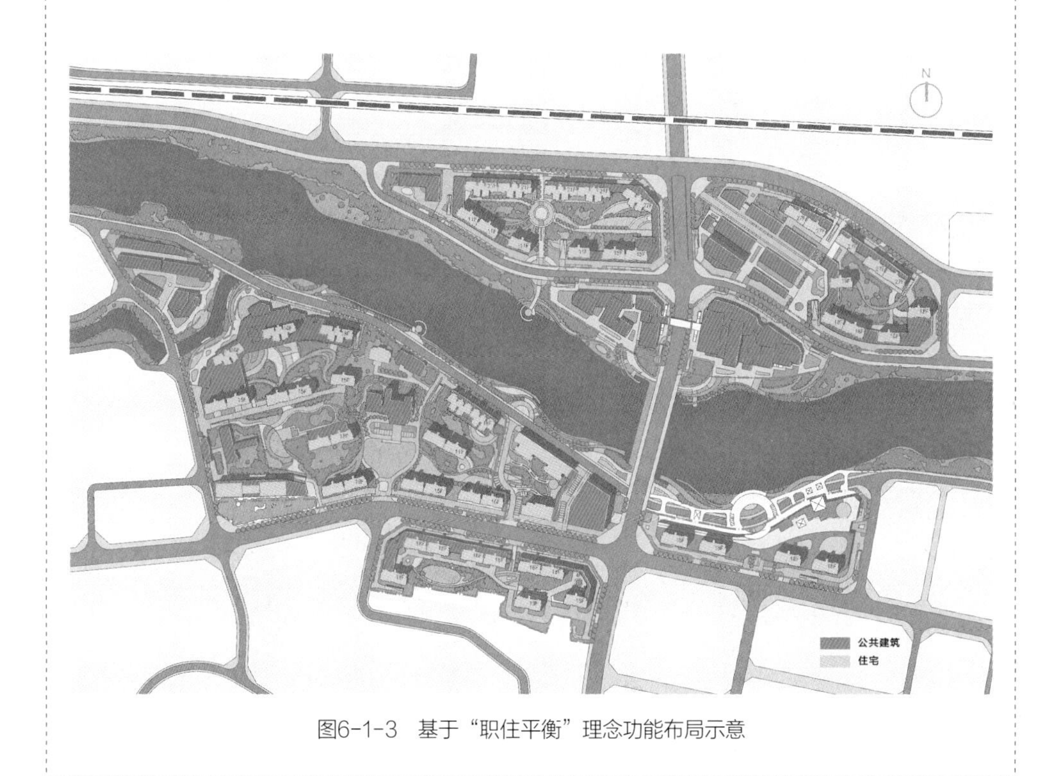

图6-1-3　基于“职住平衡”理念功能布局示意

3. 用地功能的复合利用

为了实现城市中产业的转型升级和提高土地利用效率，可以将不同功能统一安排在同一地块内，甚至是同一建筑内部。因此，应探索建设用地平面、垂直空间多维度使用方式，进行地块总平面和单体平面功能复合布局，研究建筑的地下、地上分层空间功能分布，实现用地功能的复合利用。

案例：北京隆福大厦改造项目

根据前期市场调研分析，将隆福大厦单一的商场功能调整为以文化创意办公为主的复合功能建筑。因此，方案对隆福大厦各层功能提出更新方案：大厦一、二层为商业功能，既服务于隆福大厦内的办公人员，也能服务于大厦周边区域人群；

大厦三至七层为办公功能，可根据招商情况灵活分隔形成独立办公空间；大厦八层及屋顶为文化展示功能，与办公和文化能够形成很好的互动关系（图6-1-4）。

图6-1-4　隆福大厦功能复合示意图

三、特色风貌

城市的风貌特色体现在由宏观到微观不同的层面中。根据城市历史、文化、地域特色、建筑风格，将城市划分为不同特色风貌分区，针对每个风貌分区特点，制定相应的规划和设计改造方案。须做到从城市的总体格局、城市不同片区的特色建筑以及小场景中的景观等层面综合体现出“地域特征、文化特色、时代特性”的总体要求。

1. 总体格局

在总体格局的层面上，提倡使用城市设计的方法，注意项目周边的条件，如有自然山水等地理环境，应与其加强联系，同时摸清城市发展格局及传统肌理的脉络与特点，在项目中做到不破坏、多延续，突出城市宏观结构特征和特色场景空间。

案例：北京中关村玉渊潭科技商务区玲珑巷土地一级开发城市设计

梳理项目场地内部及周边城市肌理，分析场地及周边的山水环境、地形地势，聚焦昆玉河、慈寿寺塔（全国重点文物保护单位）、摩诃庵（全国重点文物保护单位）等核心景观资源，提炼场地具有的小尺度、高密度、低强度的肌理特点，加强与西侧慈寿寺塔的空间视觉联系，形成设计方案总体格局（图6-1-5）。

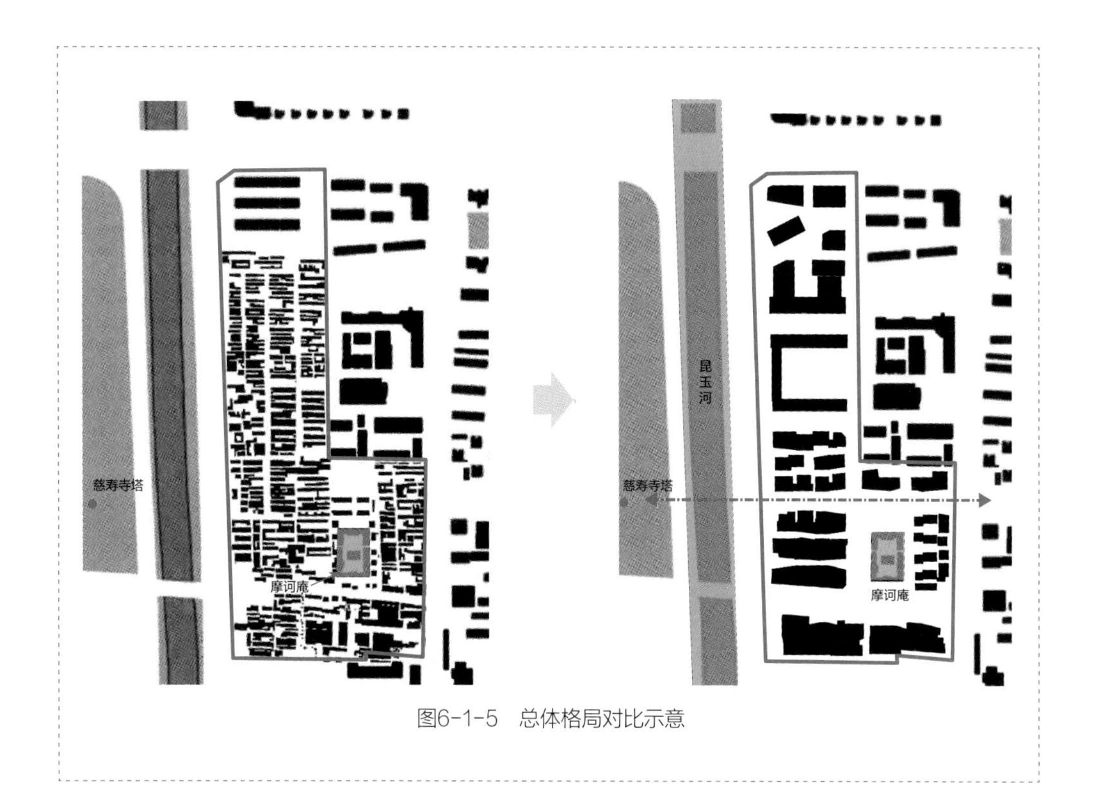

图6-1-5　总体格局对比示意

2. 建筑风貌

在建筑风貌的层面上，着重对建筑体量、建筑立面、建筑形式、建筑风格等方面进行整体引导与风貌调控。对于项目中的保留建筑，应酌情进行更新调整，风貌不协调的保留建筑可以通过外立面改造进行风貌提升；对于项目中的新建建筑，要避免出现与当地建筑风貌发生冲突。

案例：北京隆福寺文化商业区复兴

方法1：通过双层幕墙的构造方式重塑建筑形象，内层采用灰色实体墙，延续了老城色彩体系，外层设置透明玻璃幕墙、平直分格线条组合在一定程度上消解了建筑的庞大体量（图6-1-6、图6-1-7）。

方法2：保留屋顶仿古形式，重新整理屋顶空间层次，补充两面完整的红墙重新定义屋顶东西边界（图6-1-8、图6-1-9），简化屋顶总体轮廓，弱化大体量建筑的视觉冲击。

图6-1-6　改造前后建筑立面对比

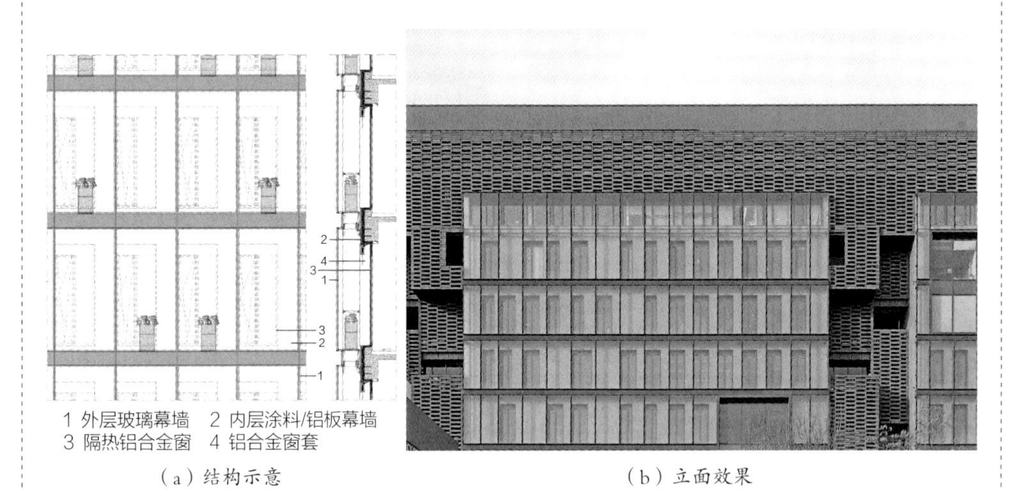

（a）结构示意　　（b）立面效果

图6-1-7　双层幕墙

图6-1-8　从胡同看屋顶和红墙

图6-1-9　屋顶建筑与景观效果

3. 景观风貌

在景观风貌的层面上，注重项目中的景观场景，譬如有自然风貌的地段、公园广场、特色街区街道中的景观小品等。设计者应关注景观细节，完善景观品质。不同城市有深植于本土特色的植被绿化和标识系统，应在景观细微处贯彻设计理念与构思，提升景观品质，塑造城市片区特色。

案例：北京阜成门内大街景观环境设计及建筑立面改造

阜成门内大街形成于元代，从西四路口一直延伸到西二环阜成门桥，全长约1300m。阜成门内大街综合环境整治提升工程（一期）从赵登禹路路口至阜成门桥，全长700m。阜成门内大街是北京最古老的大街之一，于1990年被确定为北京市首批25片历史文化保护区之一，沿线分布妙应寺白塔、历代帝王庙、广济寺、鲁迅故居等多处国家级、市级文物保护单位。

方法1：拆除现状各种类型的栅栏，改用花坛、树池、绿篱等围合或界定空间，通过增加景观绿化的方式提升地铁站出入口前的城市公共空间品质（图6-1-10）。

图6-1-10　整治前后的地铁站前空间

图片来源：华融金盈公司，阜成门内大街景观环境设计及建筑立面改造[J]. 世界建筑，2019（7）：30-33.

方法2：清理老旧、废弃及闲置设施杆，将必需的交通指示、电车挂线、路灯照明、治安监控、旅游引导等功能统筹合并。由此将原先沿路183根设施杆减少到55根，其中包括36根综合杆（图6-1-11）。

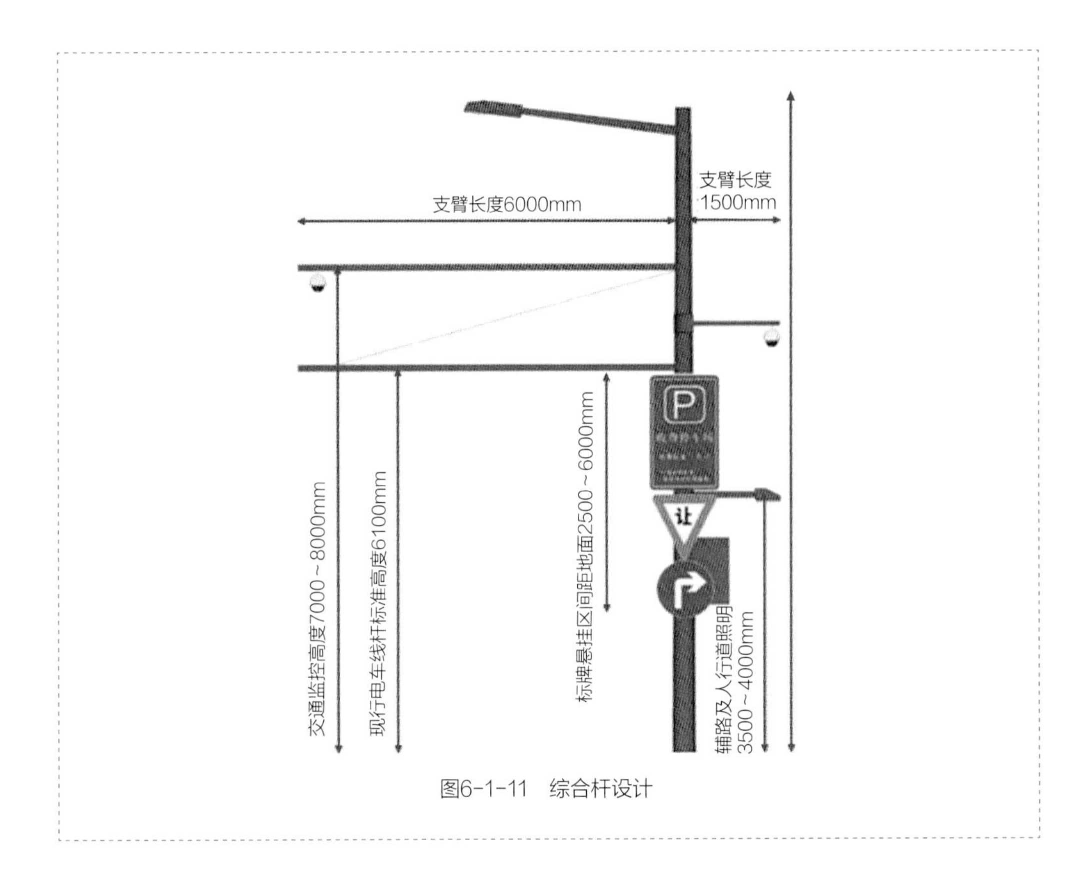

图6-1-11 综合杆设计

4. 历史街区

位于历史街区的城市更新设计项目，应充分调研背景、上位规划和相关的法律法规，强调在不违背其整体风貌保护原则的前提下，提炼相关的历史文化风貌特色元素，边传承经典，边融合更新。

案例：北京钓鱼台前门宾馆院落整治

项目地处天安门广场东侧，原为20世纪初美国公使馆所在地，新中国成立后改为钓鱼台国宾馆的前门宾馆。地块内现存5栋北京市文物保护建筑、9棵挂牌古树名木。美籍华人李景汉先生与钓鱼台国宾馆达成25年的使用协议，在保留文物建筑的同时，对院落进行复建和整治，建成包括餐饮、俱乐部、画廊、剧场在内的顶级文化和生活时尚中心。通过对周边历史及存在问题的分析，项目组提出了重视旧建筑的可持续发展，保护和利用并重的设计原则。

方法1：在保留古树、拆除低质量旧建筑的基础上，以中心草坪大空间及建筑周边小景观相对比的形式突出建筑主体，恢复历史上美国公使馆“一院五楼”的整体风貌（图6-1-12、图6-1-13）。

图6-1-12　历史上的景观风貌

图6-1-13　改造后的景观风貌效果

图片来源：壹号君. 前门23号：天安门对面的建筑，到底是何来头？占据如此优越的位置[Z/OL].（2022-05-21）[2023-08-14]. https://www.sohu.com/a/549373364_121159625.

方法2：新增建筑采用前低后高、缩小体量的策略，形态上尽可能通透、轻巧，隐在大树之后，使之处于从属地位，突出历史建筑主体地位。同时，采用简约精致的外墙形式明显区别于老建筑风貌，保持历史的清晰度和延续性（图6-1-14）。

图6-1-14　改造后新建建筑与原有建筑、场地的关系

案例：北京大栅栏北京坊C2-05地块建筑设计

大栅栏北京坊地处北京中轴线核心地带，与天安门直线距离不到200m，毗邻国家大剧院、国家博物馆、故宫博物院等国家文化机构。地理区位的特殊性，赋予了北京坊文化和国际交流的重要使命。在这里，既可以看到百年历史的巴洛克风格劝业场，也能看到当代建筑美学与传统四合院巧妙融合的建筑元素。C2-05地块位于北京坊西部，邻近煤市街，具有天然的对外展示界面。

重点关注历史传承与延续，提取大栅栏地区典型的传统建筑元素符号，采用同素异构的手法在具有历史感的界面上重现典型建筑细部，实现继承与发展并举（图6-1-15、图6-1-16）。

图6-1-15　沿街建筑立面风貌

图6-1-16　建筑立面细部

第二节　织补绿色低碳文化脉络

城市更新项目通常包含丰富的历史文化要素。因此，在设计过程中，需要加强对项目范围内和周边历史文化要素的研究，并关注那些虽不属于历史建筑保护范围但具有时代感的建筑物和构筑物。

一、历史遗存和物质空间

当城市更新项目涉及历史街区、文物保护单位、历史建筑、文化遗产、不可移动文物等历史遗存及其附属空间时，应严格落实相关法律法规和标准规范要求，保护并展示其承载各历史时期的重要信息，阐释其“叠合的原真”[①]。

根据保护规划的相关规定，通过实地踏勘和资料研读，全面分析历史遗存及其附属空间的现状，形成系统性的评价和保护修缮策略。同时研究新的功能需求与原有空间类型的匹配度，明确其价值判断，并根据这些判断制定保护、修缮、改善、保留、整治等措施（表6-2-1）。

保护整治措施一览　　表6-2-1

类型	方式
保护	对保护项目及其环境进行的科学的调查、勘测、鉴定、登录、修缮等活动。就单体建筑而言，通常是对已公布为文物保护单位的建筑和已登记尚未核定公布为文物保护单位的不可移动文物，依据《中华人民共和国文物保护法》（2017年）的相关要求进行严格保护
修缮	对文物保护单位、历史建筑在不改变外观特征的前提下进行加固和保护性复原活动
改善	对历史建筑所进行的不改变外观特征，调整、完善内部布局及功能的建设活动。对于传统风貌建筑应保持外观风貌特征，特别是保护具有历史文化价值的细部构件或装饰物，允许其内部进行改善和更新，改善居住、使用条件，适应现代生产生活方式
保留	对于质量风貌尚佳的建筑，近期内进行保留，除了为与片区风貌进一步协调而进行微改造外，其余不作更新处理
整治	为体现历史文化名城和历史文化街区风貌完整性所进行的各项治理活动。特别针对那些与传统风貌不协调或质量很差的其他建筑，可以采取整治、改造等措施，使其符合历史风貌的相关要求

在符合当地文物保护主管部门要求的前提下，尽力满足项目业主和原住居民的需求，并引入适当的功能业态，例如公共服务、展览展示、商业服务、旅游和文创等，以促进地区产业升级和经济发展。

案例：北京钓鱼台前门宾馆院落整治

该项目位于北京市前门东大街23号，原址为20世纪初的美国公使馆，后来改建为钓鱼台前门宾馆，主要用于涉外接待。经过对院落的修复和改造，该地区成为一个集餐饮、俱乐部、画廊、剧场等多种功能于一体的顶级文化和生活时尚中心，为北京前门地区的商业发展增添了新的元素，也提升了该地区的整体品质（图6-2-1）。

① 章明，高小宇，张姿．向史而新延安中路816号“严同春”宅（解放日报社）修缮及改造项目[J]．时代建筑，2016（4）：97-105，96.

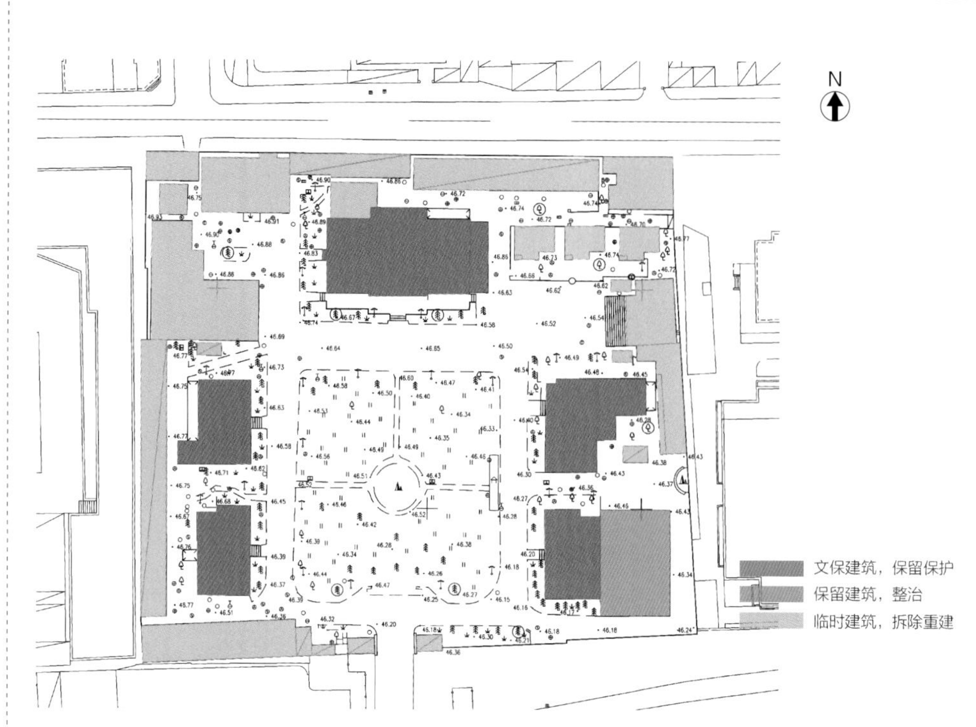

图6-2-1 北京钓鱼台前门宾馆院落整治工程整治措施示意图

方法1：既有五栋建筑属于北京市文物保护单位，因此在不改变外观特征的前提下进行加固和复原，保护原有建筑风貌。

方法2：拆除附着在历史建筑本体及周边的临时建筑，利用拆除后的空间新建以玻璃和钢构架为主体。

案例：上海延安中路816号“严同春”宅（解放日报社）改造

方法1：在保留历史原真性的基础上，建筑修缮改造增强了底层对外接待功能以及开放度；打通回廊，梳理新的流线。

方法2：开辟屋顶花园体系，将连廊与庭院结合，构成院廊空间体系的同时，开辟多层级的屋顶花园，作为多功能活动室及室外活动平台，使庭院景观与功能空间产生对话，形成生态办公空间，增强新媒体的现代办公氛围（图6-2-2）。

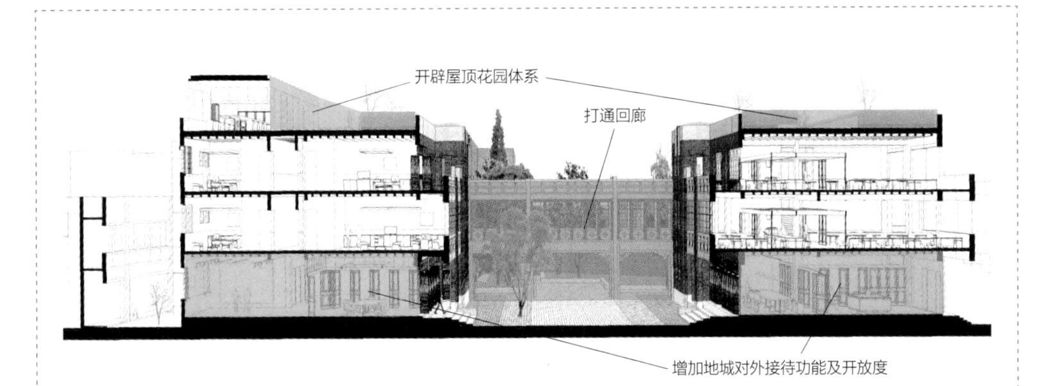

图6-2-2 “严同春”宅院廊体系剖面图

图片来源：改绘自 章明，高小宇，张姿. 向史而新延安中路816号“严同春”宅（解放日报社）修缮及改造项目[J]. 时代建筑，2016（04）：97-105，96.

二、具有时代特征的建构筑物

在除了历史遗存以外的城市建筑和构筑物中，通常会存在一些未达到保护等级的建筑，但它们能够反映特定历史阶段、时代特征和建筑风格。这些建筑可以通过结合城市更新项目的业主需求进行改造和升级。

基于当前建筑的保存状况，我们可以深入挖掘其核心价值，保留其中最具价值的部分。结合业主的需求和新引入的功能，我们可以对建筑的内部空间、外观风格和特色构件进行整体活化利用，展现当地的时代特色和场所记忆。

案例：宝鸡市文化艺术中心设计

经现场踏勘后，保留场地内的C形联合厂房（建于20世纪70年代，具有典型的大跨度混凝土工业建筑特点）和职工宿舍（高14层，是宝鸡市第一栋高层建筑，目前结构依然完好牢固）（图6-2-3、图6-2-4），具有较高的保留价值。

将C形联合厂房改造成为空间开阔、工业风格显著的大型公共图书馆。具体改造方法为保留原有建筑结构与外墙、加建玻璃屋顶的方式，并将原先位于室外的洗煤池区域改造成室内的图书馆入口公共区域（图6-2-5）。

图6-2-3 C形联合厂房

图6-2-4 职工宿舍

图6-2-5 改造前的C形厂房及洗煤池与改造后的图书馆室内对比

案例：中车成都工业遗存改造设计

原组装车间的混凝土柱、天车梁、钢桁架及东侧山墙整体保存完好，并且均有经典的工业风视觉效果，设计中予以保留，经过“去留”的梳理，将原来的厂房改造成室外花园，形成了两侧特色保留、中间花园更新的整体格局（图6-2-6）。

图6-2-6 改造前的厂房与改造后的花园对比

第三节　优化绿色低碳道路交通

在城市更新项目设计中，交通与道路系统是需要特别关注的一个方面。在设计过程中，需要综合考虑现有的交通情况和道路状况，结合绿色低碳的理念，制定优化措施，包含城市道路、车行交通、慢行交通和静态交通几个部分。这些措施需要具有项目契合性和可实施性。

一、城市道路

1. 优化路网

根据实地调研访谈、上位规划和相关要求，结合城市更新项目的具体位置和性质，部分区域可在街区层面采取“小街区、密路网”理念。具体优化措施为：加强支路建设、提高路网密度（包括步行路）、打通断头路、改善交通微循环。同时，还要综合考虑消防、急救、工程维护、货运等特殊交通需求。

案例：昆山玉山广场站城市更新

北区位于昆山旧城区核心区域，适宜打造以慢行交通系统为主的低层高密度综合商业街区。结合用地边界和用地性质调整，优化3号地块与4、5号地块之间的城市支路线型和走向，并将支一路、支二路改为步行街，以更好地营造整体商业氛围。2号地块属于住宅用地，其北面临河，为减少北侧交通压力，营造良好的滨水空间，在其南侧新增城市支路（图6-3-1）。

图6-3-1　路网优化前后对比示意

图6-3-1　路网优化前后对比示意（续）

2. 优化道路断面

根据街区层面内城市道路的等级、性质、红线、交通组织形式等要素，结合城市更新项目的需求，我们可以合理分配路权、优化道路断面设计，以引领安全绿色出行。设计在确保机动车基本通行能力的同时，建议适度拓展行人和非机动车行道空间，以创造更舒适的出行体验。

案例：昆山玉山广场站城市更新

设计为突出南后街的滨河景观特色，优化调整道路断面，适度拓宽人行道，并将街道局部改造为滨水绿色空间，满足人们观赏、交流需求。同时采用机动车、非机动车分流的方式，保障交通安全（图6-3-2）。

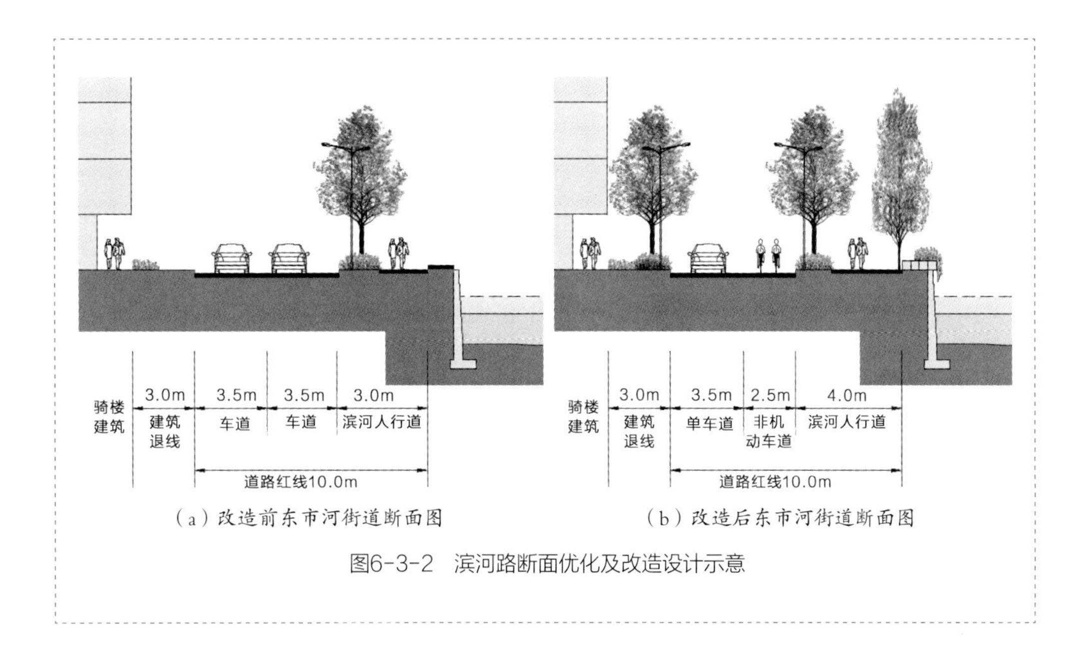

图6-3-2　滨河路断面优化及改造设计示意

3. 提升道路设施

为了提升碳汇能力并确保行人的安全，建议采取以下措施：设置绿化带、护栏以及自行车专用道。此外，对交通信息指示牌、道路标识牌和公交站指示牌等进行信息化改造，实时展示路况和出行信息，以便人们更加便捷地出行。

案例：青岛国际邮轮港城启动区城市设计

结合高架快速路桥下空间现状特点，针对步行需求，补充行人过街斑马线、交通信号灯、隔离护栏、交通标识牌等设施，为桥墩、邻近建筑增加垂直绿化及相应的绿化浇灌设施，以提升道路空间整体品质（图6-3-3）。

图6-3-3　高架快速路下道路设施改造前后对比示意

4. 营造特色道路空间

根据城市更新项目特点，结合上位规划及相关研究中确定的道路等级与定位，提炼道路特色，将道路与沿路建筑、景观绿化等综合考虑，营造富有特色与活力的道路空间。

案例：北京平安大街东城段街道更新改造设计

平安大街横贯北京内城，始建于元代，繁荣于明清，衰败于民国，如今的格局源于1998年的街道改造，路面宽度拓宽至28～33m，形成双向6车道（局部7车道）的城市主干路，提升了道路交通通行能力，也带来了步行体验不佳、文化特色缺失等问题（图6-3-4）。

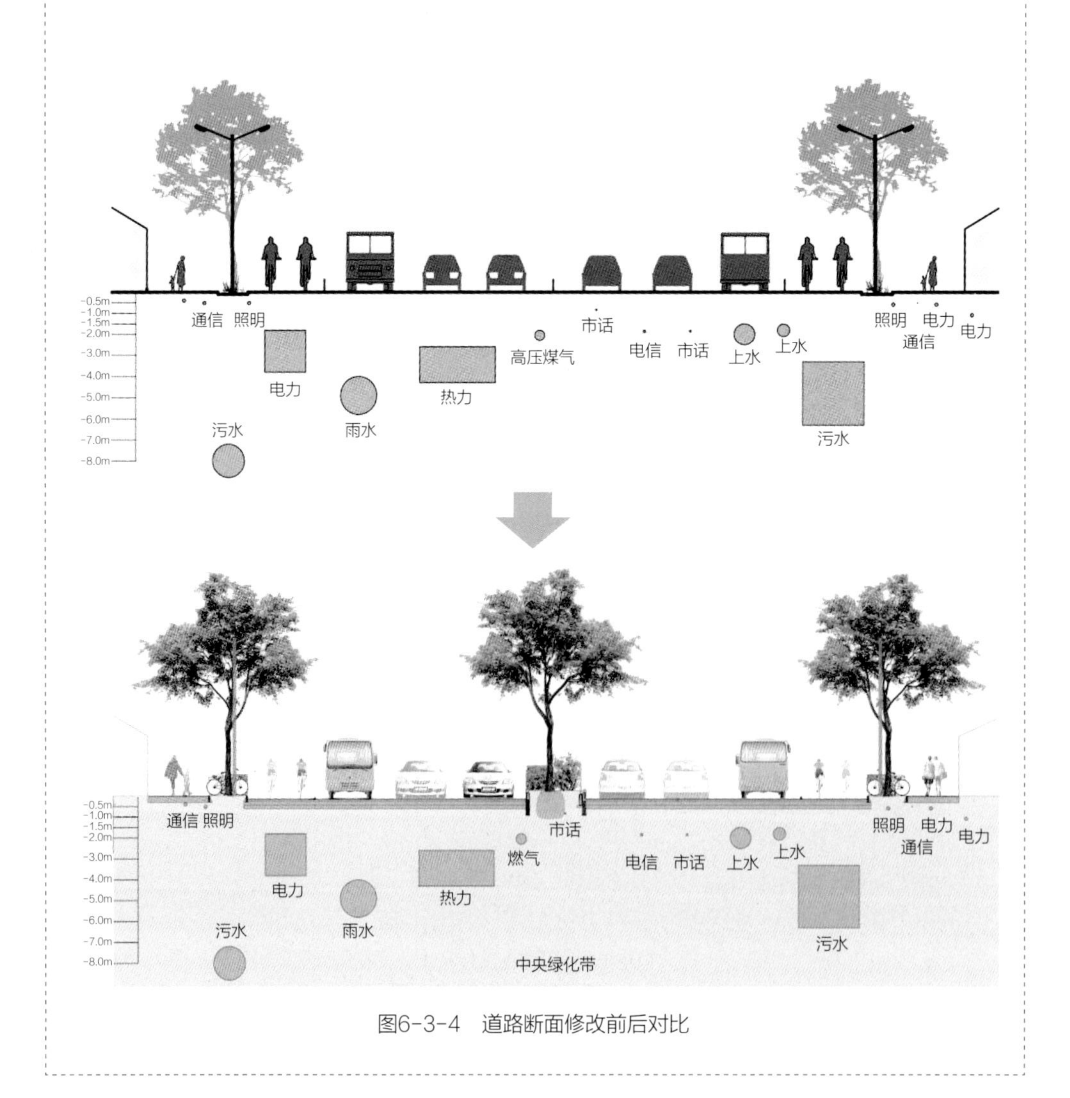

图6-3-4 道路断面修改前后对比

为了塑造平安大街一线北京老城气质，解决绿地面积不足、夏季缺乏遮阴等问题，方案调整了道路断面，增加中央绿化带，并选取国槐为行道树，结合视觉观感、交通安全等相关影响因素，综合考量种植池深度及植物配置（图6-3-5）。

图6-3-5　平安大街改造后效果示意

二、车行交通

车行交通主要关注公共交通和私人机动车交通两种类型。在环保、低碳和社会公正的背景下，我们应该更加重视公共交通的组织和设计，鼓励人们选择公共交通方式出行。

为了全面了解片区内各类人群的出行特征和需求，项目组需进行现场调研访谈和收集交通大数据信息。通过分析这些数据，梳理出现项目内部及周边车行交通亟待解决的问题。之后，结合上位规划和相关资料要求，项目组还需考虑城市更新项目的区位、性质以及各方的需求；同时，综合考虑消防、急救、工程维护、货运等特殊交通相关需求，并考虑将智慧交通设计融入其中，以形成街区层面车行交通的整体设计思路（表6-3-1）。

街区层面车行交通的类型及需要关注的问题　　表6-3-1

大类	中类	要素	关注的问题
公共交通	公交汽（电）车交通	公交线路	• 现状公交供给是否充足？ • 公交线路走向是否合理？
		公交车站	• 站点数量是否充足？ • 站点位置是否合理？站点间是否间隔500m？ • 与周边建筑、场地、交通设施的衔接是否顺畅？
		公交专用车道	• 出入口所在的疏散场地规模是否充足？ • 与其他交通方式（如公交、自行车等）换乘是否便捷？

续表

大类	中类	要素	关注的问题
公共交通	轨道交通	地铁	• 出入口所在的疏散场地规模是否充足? • 与其他交通方式（如公交、自行车等）换乘是否便捷?
		轻轨	
私人机动车交通	—	拥堵路段	• 哪里会产生交通拥堵? • 何时会产生交通拥堵 • 是否能通过设置单行线缓解拥堵?
		出入口	• 现状出入口数量是否够用? • 现状出入口位置是否合理?
		内部道路	• 用地内部是否人车分流? • 内部道路交通组织是否占用过多场地空间?
特殊交通	—	消防、急救	• 消防、急救通道是否满足规范及地方管理要求?
		运维、货运	• 工程运维、货物运输通道是否满足使用需求，是否对场地环境及公众交通产生过大的影响?

在城市更新项目中，需要关注街区层面车行交通的多个问题。为了有效处理这些问题，可以采取以下措施：合理分级构建顺畅的车行路线，根据实际现状和交通流量分析，测算优化交通流线，以及优化交通设施来解决地块交通痛点。

案例：北京平安大街东城段街道更新改造设计

在交通流量测算的前提下，减小机动车道的路幅，减少渠化段车道数，优化十字路口，缩小转弯半径，将腾退出来的机动车路面空间提升道路的绿化覆盖率和步行舒适度。利用中央绿化带增设过街安全岛和机动车掉头区（图6-3-6），设置岛式公共汽车站台，保障自行车骑行连续性和安全性，避免公共汽车进出站与非机动车的交织（图6-3-7）。

图6-3-6　增设过街安全岛和机动车掉头区

图6-3-7　设置岛式公交站台

图片来源：于海为，刘爱华. 平安大街东城段街道更新[J]. 建筑技艺，2022，28（3）：7-11.

三、慢行交通

慢行交通主要包括步行交通和自行车交通两种方式。在城市更新项目中，我们应该提倡步行、自行车等绿色低碳的出行方式，合理规划慢行交通网络系统，提高慢行交通在城市交通中的地位。

首先，通过现状调研和访谈和收集片区内人群的慢行交通出行数据，了解目前慢行交通所存在的问题。然后，根据上位规划和相关资料，借鉴国内外慢行交通空间的优秀案例，结合项目内部及周边的道路、街巷、公园、广场、绿地、水系等公共空间，合理规划适合步行和骑行的线路，同时优化建设用地内的慢行体系，以人车分流为原则提升步行舒适度和安全度，并与城市慢行系统顺畅衔接。最后，进一步梳理并建立安全、连续、舒适的慢行网络体系，适当增加慢行网络的密度，并提供交通标识指引。

案例：青岛国际邮轮港城启动区城市设计

通过林荫步道、自行车道、街墙的设置，区域内形成倡导鼓励步行和自行车出行的街道慢行空间。此外，设置与空中连廊无缝衔接的立体步行设施，结合路边公共节点打造舒适的慢行空间（图6-3-8）。

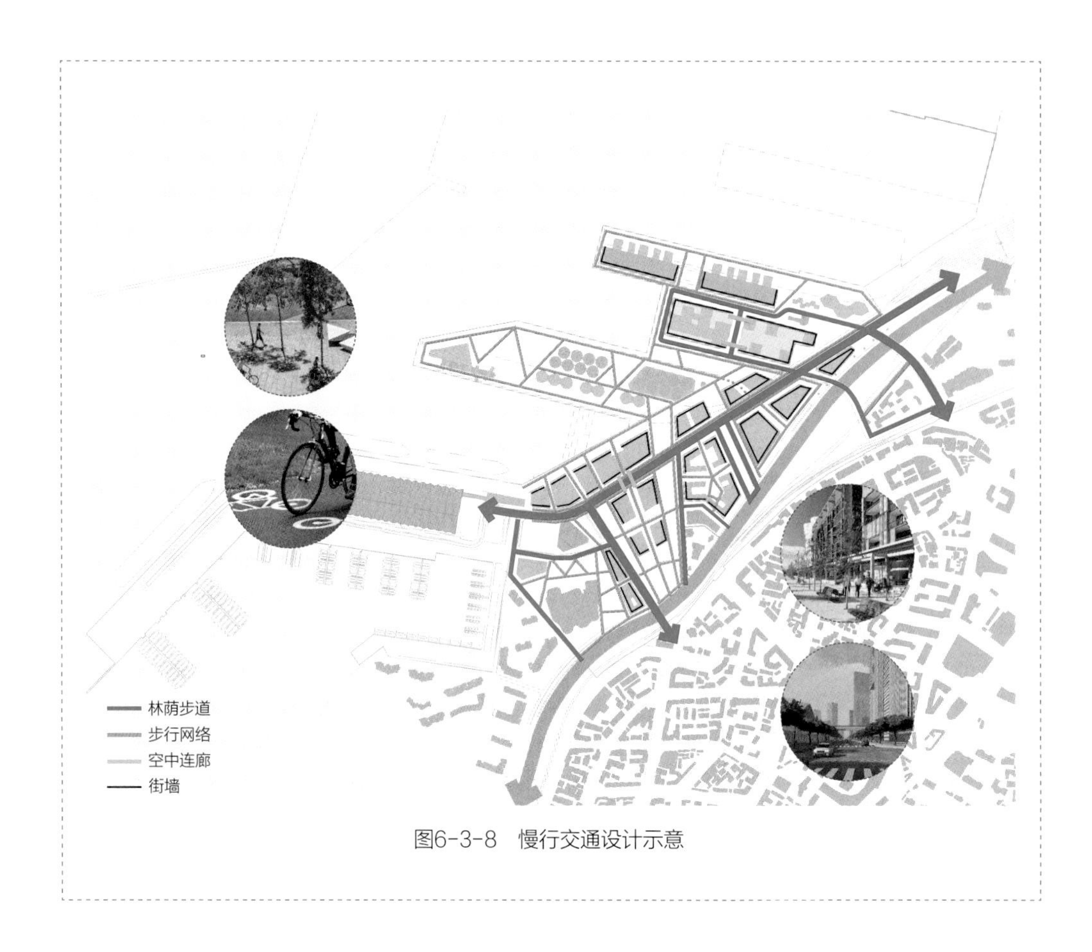

图6-3-8　慢行交通设计示意

四、静态交通

静态交通主要包括机动车停车和非机动车停车两种类型。合理地设置停车场库的规模、位置和形式，引入“互联网+”等智慧交通管理平台，有助于缓解停车难题。

1. 机动车停车

为解决机动车停车问题，需要根据城市更新项目的性质和规模，以及相关规范标准来明确私家小汽车和大客车等机动车的停车需求。应根据节约用地、便于疏散和保证安全的原则来确定停车位的数量、位置和形式，同时，鼓励建设停车楼或地下停车场，并提倡采用机械化和立体化的停车方式。如果无法集中设置停车场，应该深入挖掘项目内部和周边闲置空间的潜力，分散布置小型立体化停车场或路边停车位。此外，还应完善电动汽车充电设施，鼓励使用“互联网+”技术共享车位。

案例：青岛国际邮轮港城启动区城市设计

设计充分利用地下空间解决停车问题，将更多的地面空间留给人们活动。码头区域结合地上建筑设置部分地上停车楼，串联地下停车库，并采用智能停车技术，提高停车效率（图6–3–9）。

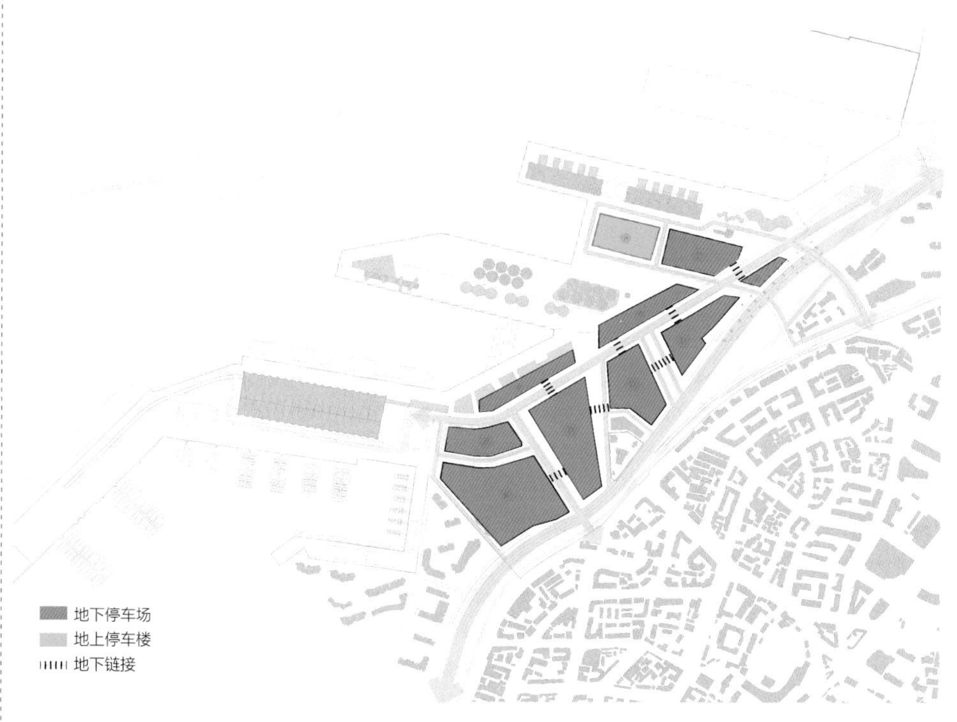

图6-3-9　机动车地上地下停车范围示意

案例：青岛崂山区商务二区、三区街区更新设计导则

方法1：存量停车位共享。经调研，75%的出行者可接受停车距离为300m之内，故将共享车位定位在半径300m的范围以内。根据调研座谈及相关地块的使用单位安防管理要求，筛选并确定共享停车范围（图6–3–10）。

方法2：路内夜间限时停车。应对居住小区停车位不足的问题，利用道路交通负荷与居住停车需求的时间差，设置路边夜间限时停车位，并设置明显的夜间限时停车位特殊编号，供市民辨认（图6–3–11）。

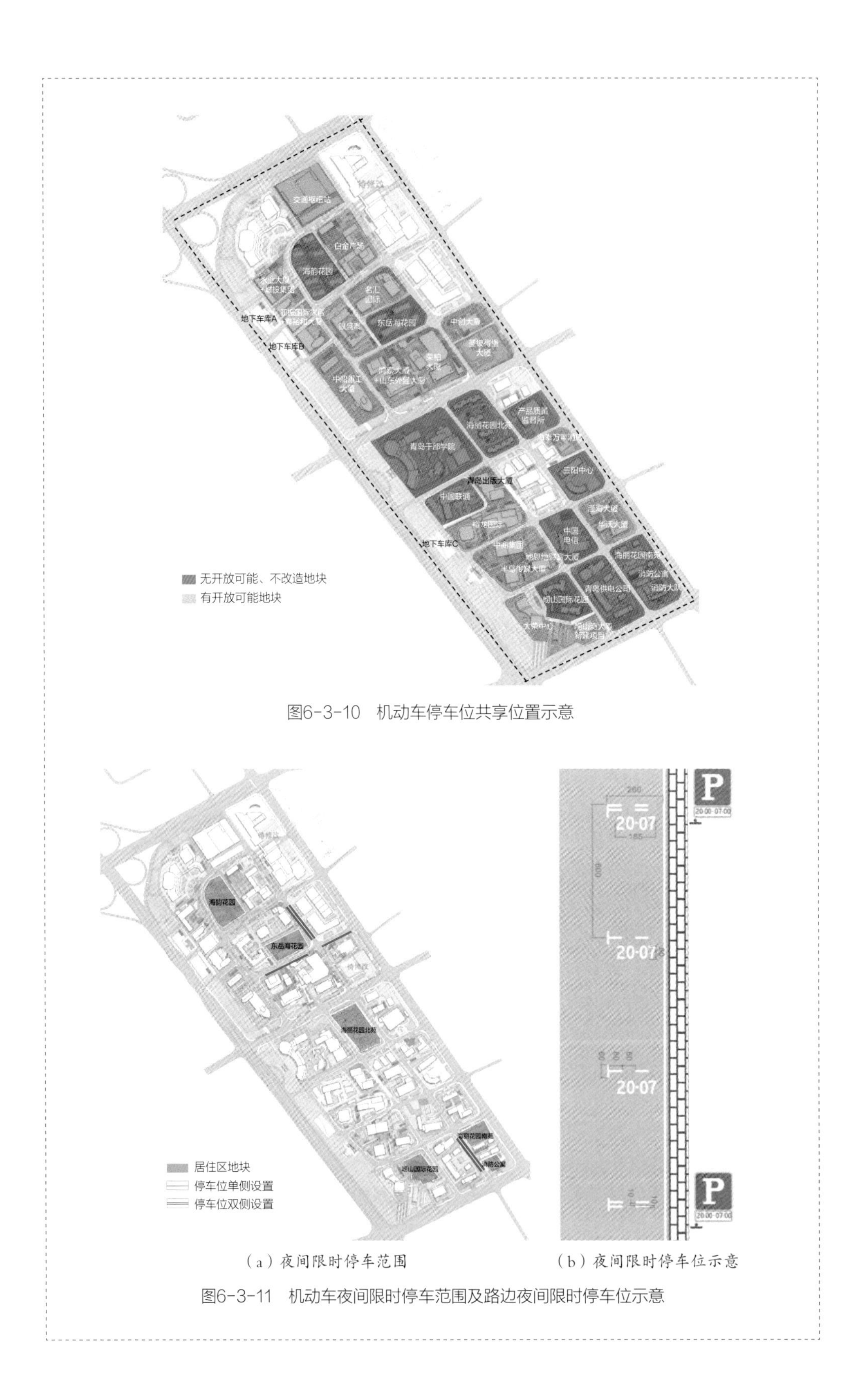

图6-3-10　机动车停车位共享位置示意

（a）夜间限时停车范围　　（b）夜间限时停车位示意

图6-3-11　机动车夜间限时停车范围及路边夜间限时停车位示意

2. 非机动车停车

针对非机动车停车问题，应根据相关规范标准和停车需求，确定停车位数量、位置和形式。在确定停车位时，应坚持便捷停放、适量规模和不妨碍其他交通流线的原则。同时，应充分利用项目内部和周边闲置场地，巧妙地建设停车棚、停车架等设施，同时兼顾电动自行车的集中停放和充电。此外，需要加强对共享单车的管理，规范停放区域，避免对其他交通产生干扰。

案例：南京艺术学院校园改造规划

根据校园内学生、教师自行车出行特点，在宿舍楼、教学楼、体育场、食堂、图书馆等人群活动密集的区域周边预留足够的非机动车停放点（图6-3-12），并加强对自行车骑行高峰时段的出行与停车的引导管理。

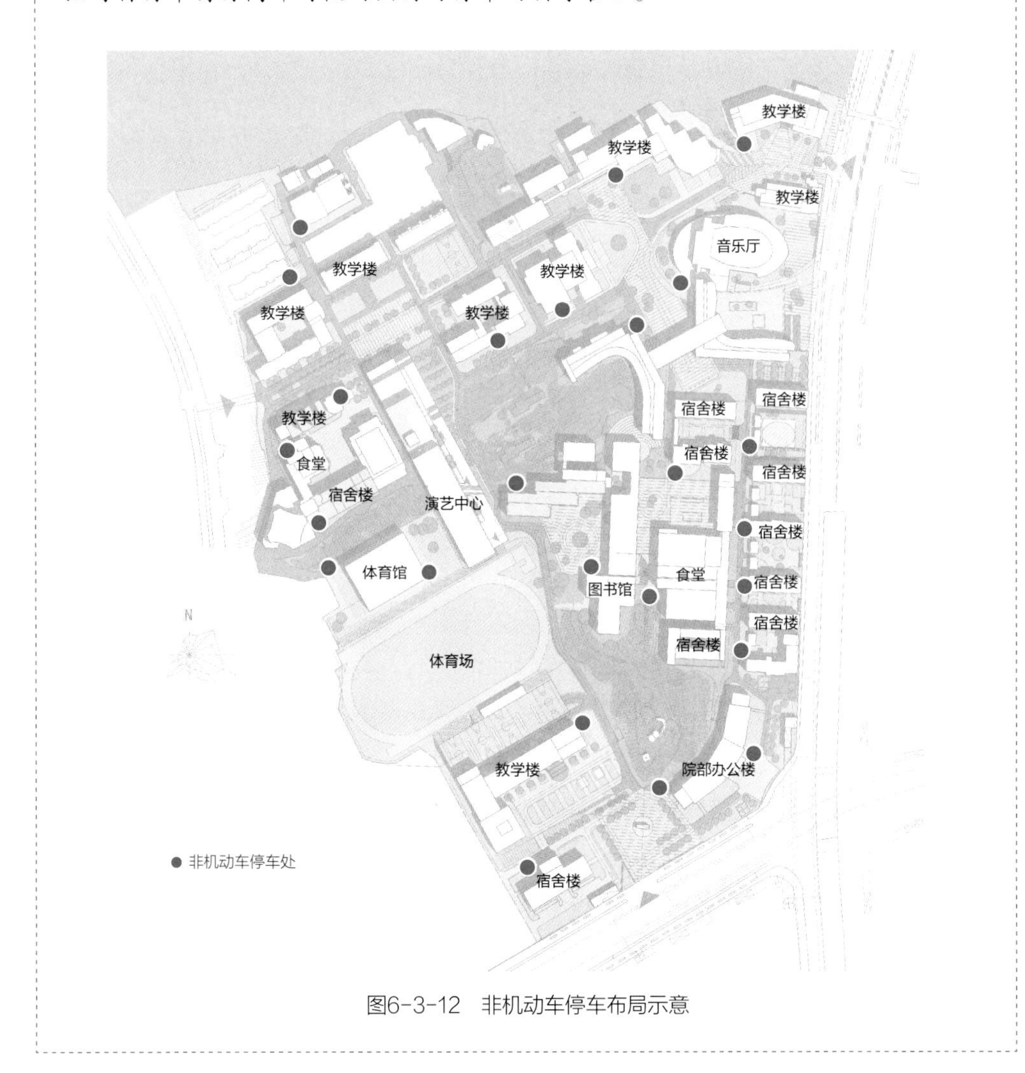

图6-3-12　非机动车停车布局示意

第四节　提升绿色低碳景观绿化

为增加碳汇能力、提升景观环境品质，需要关注城市更新项目场地及周边的自然环境、视线通廊、植被绿化、景观设施，并提出景观绿化环境的主题定位、功能、服务人群等方面的设计思路。

一、自然环境

通过综合分析城市更新项目内部和周边的山、水、林、田、湖、草、沙等生态环境要素的现状特征，结合上位规划和建设需求，设计中需要强化生态环境的自然基础，避免挖山、填湖、破坏绿地，并尽可能增加绿化植被的数量，以提升项目场地的碳汇能力。根据项目的定位，设计还需充分利用自然环境要素，打造独具特色的景观绿色空间，并增设休闲游憩、体育健身、儿童游乐等场地和设施，以丰富项目的功能与体验。

案例：北京龙潭中湖公园改建工程及配套项目

龙潭中湖公园原为北京游乐园，占地约40hm^2，自2010年运营合同到期停止对外营业后，一直处于闲置状态。北京市东城区政府在完成解散清算、现场清理和档案整理移交工作后，根据《北京城市总体规划（2016—2035年）》，于2017年启动龙潭湖地区环境整治提升项目，并于2018年开展两次民意征集活动，经过公众参与、共同决策，龙潭中湖被定性为区域性综合公园，成为北京市东城区2020年重要民生实施项目。

龙潭中湖公园最大的特色是水，因此通过梳理水环境现状，结合公园游览、活动与景观需求，提出龙潭中湖公园生态改造策略。

方法1：理水。结合生态格局与径流分析，组织地表径流，运用植物浅沟、多级湿地净化、雨水花园等技术，实现雨水资源净化利用、生物栖息地建构、生态环境保护的建设目标（图6–4–1）。

方法2：柔湖。通过调研，将长度约4000m的滨湖驳岸分为23个标准段，以保留、改造、重建等方式进行精细化更新，营造富有活力、连续的多种亲水空间，如场地亲水空间、步道亲水空间、平台亲水空间、草坪亲水空间等（图6–4–2、图6–4–3）。

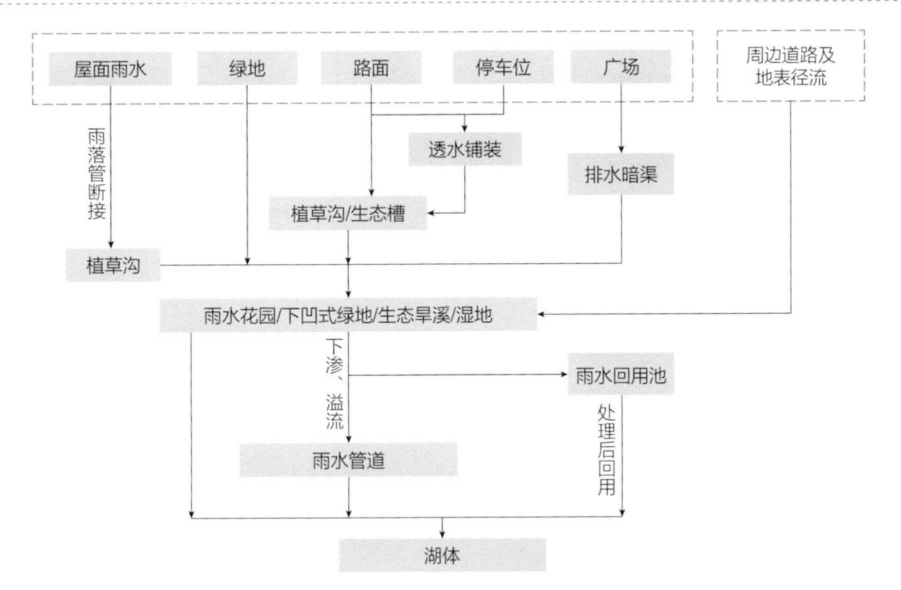

图6-4-1　水资源收集利用模式

图6-4-2　平台亲水驳岸空间

图6-4-3　草坪亲水驳岸空间

图片来源：孙文浩，赵文斌，王洪涛．城市绿色空间更新策略的探索与实践——以北京市龙潭中湖公园改造项目为例[J]．城市建筑空间，2022，29（6）：2-8.

二、视点视廊

结合场地现状特点、周边景观要素和设计方案，选取景点与视点，预留视线通廊，构建片区观景体系。在选取景点与视点时，要着重注意与当地风貌、地理环境相协调，切勿照搬照抄。视线通廊的塑造应综合考虑建筑的片区定位和风格形式，做到自然而不突兀。

1. 选取景点

依据项目所在片区的景观风貌定位，通过梳理自然环境、历史遗存、文化要素等，综合选取具有地标性、纪念性、艺术性的建筑物、构筑物、自然景观或人工景观作为景点。

案例：北京西城区德胜尚城方案设计

北二环的德胜门是北京古城仅存的两座内城城门楼之一，而项目场地就位于德胜门城楼外西北约200m处，这决定了德胜门对于项目基地的重要性。因此方案选取德胜门为重要的视觉焦点，并据此建立场地的景观视廊关系（图6-4-4、图6-4-5）。

图6-4-4　从基地内部看德胜门方向（现状）

图6-4-5　从斜街内部看德胜门方向（方案）

2. 选取视点

选取项目所在片区内观景视野好的位置作为视点，打造观景场所，如平台、亭廊等，提升空间品质，增补服务设施，强化与道路及周围环境的连接，营造更好的观景氛围。

案例：青岛国际邮轮港城启动区城市设计

结合海岸线分布特点，选取视野良好的位置作为视点观景平台空间，打造具有海港特色的漂浮广场，为游客提供最佳的观景体验（图6-4-6）。

图6-4-6　根据视点塑造舒适观景平台

3. 营造视线通廊

视线通廊是一种连接视点和景点之间的联系廊道，其主要作用是控制和引导视线，确保视线通畅，以建立良好的视觉关系。通过控制视线通廊范围内建筑的体量、高度、材质、色彩、屋顶形式以及周边绿化等视觉影响因素，可以确保视点和景点之间的视线畅通。

案例：北京中关村玉渊潭科技商务区玲珑巷土地一级开发城市设计

选取玲珑塔为景点，沿规划步行街打造通透的景观视线通廊，结合不同地块使用功能，对场地上的建筑高度、风貌进行引导控制（图6-4-7）。

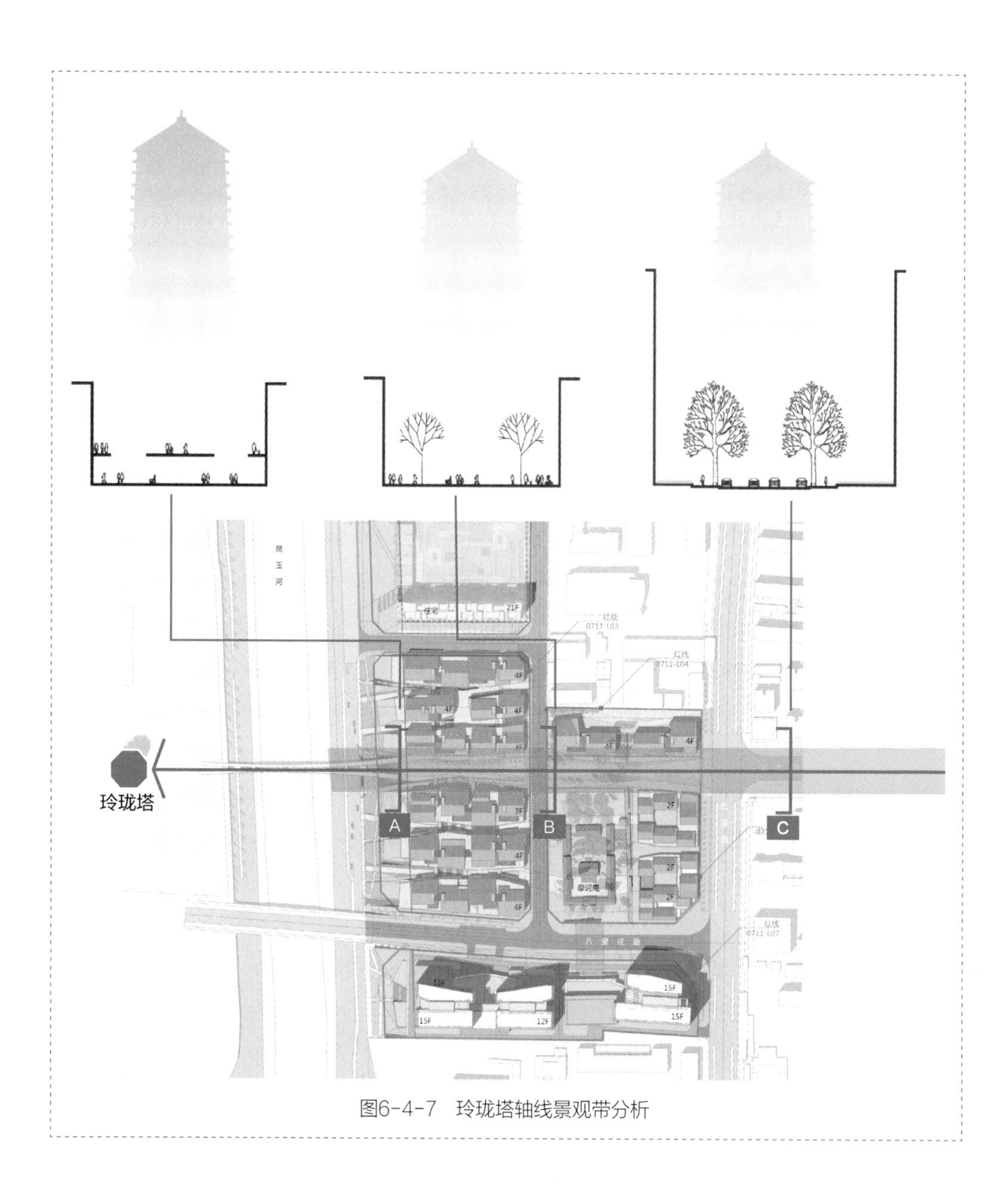

图6-4-7　玲珑塔轴线景观带分析

案例：昆山玉山广场琅环公园片区城市设计

琅环公园片区位于昆山市玉山广场西南侧，规划区域包含区域两大活力中心玉山广场、琅环公园。玉山广场新建地铁玉山广场站，琅环公园中拥有历史建筑侯北人美术馆，侯北人美术馆以著名画家侯北人先生命名，有较多的历史元素被保留，是该区域的重要标志性建筑。

规划确立玉山广场、琅环公园之间的空间连通关系，通过打造视线通廊的策略建立起两个中心的紧密连接，以地铁玉山广场站、侯北人美术馆作为视线通廊两端的视线标志物，以架空建筑形体、景观环境序列营造为设计手法，形成视线通廊中段的空间秩序（图6-4-8）。

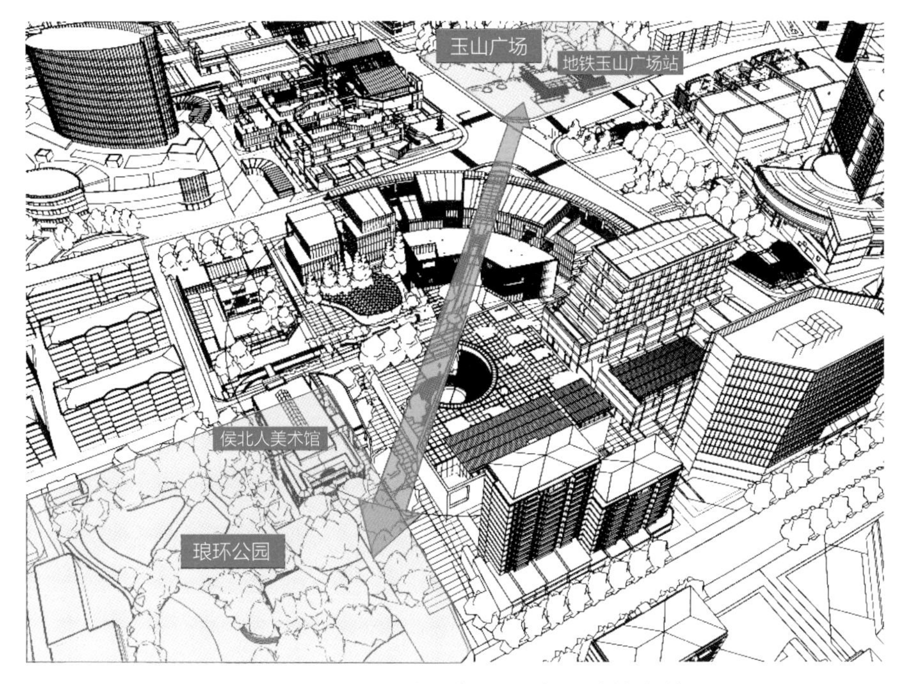

图6-4-8　昆山玉山广场琅环公园片区视廊构建分析

三、微气候环境

微气候环境是人居环境中的重要方面之一，主要包括风环境、热环境和人体舒适度。由于我国地域广阔，不同地区的气候带有显著差异，因此对于不同气候条件的地区需要采取相应的微气候环境设计措施。

风环境是室外自然风在城市或自然的地形地貌影响下形成的风场。可以通过引入优质风资源，调整街道尺度，形成通风廊道，并使街道方向与主导风向保持一致，从而优化风环境。

热环境是由辐射、气温、相对湿度等物理因素影响人体冷热感和健康的环境。在设计中，应合理利用开放空间，缓解部分热环境问题。同时，合理设置热环境舒适区域的功能布局，并在热环境欠佳区域设置适当的绿化空间。

人体舒适度可以通过打造合理的休闲空间、优化空间环境、调整铺装的色彩和材质、改善建筑群体的组合方式来提升。

案例：北京百万庄街区有机更新设计研究

百万庄街区位于北京市西城区展览路西侧，建于20世纪50年代，是新中国第一个自主规划设计的小区。空间上具有如下特点：一是规划布局受苏联影响，多为周边式、双周边式的居住街坊；二是代表了新中国成立初期城市和建筑风貌的时代特色，具有一定的保留价值；三是街区空间形态、景观环境、社会关系的保留均较为完整。选取百万庄街区中的一个街区作为研究对象，运用Envimet软件分别按照建筑物、植物、下垫面的顺序建立本底和设计模型。从风速、温度、预计平均热感觉指数（PMV）三个参数分析验证更新设计方案对原有空间的改善效果，并进一步优化形成最终设计方案。

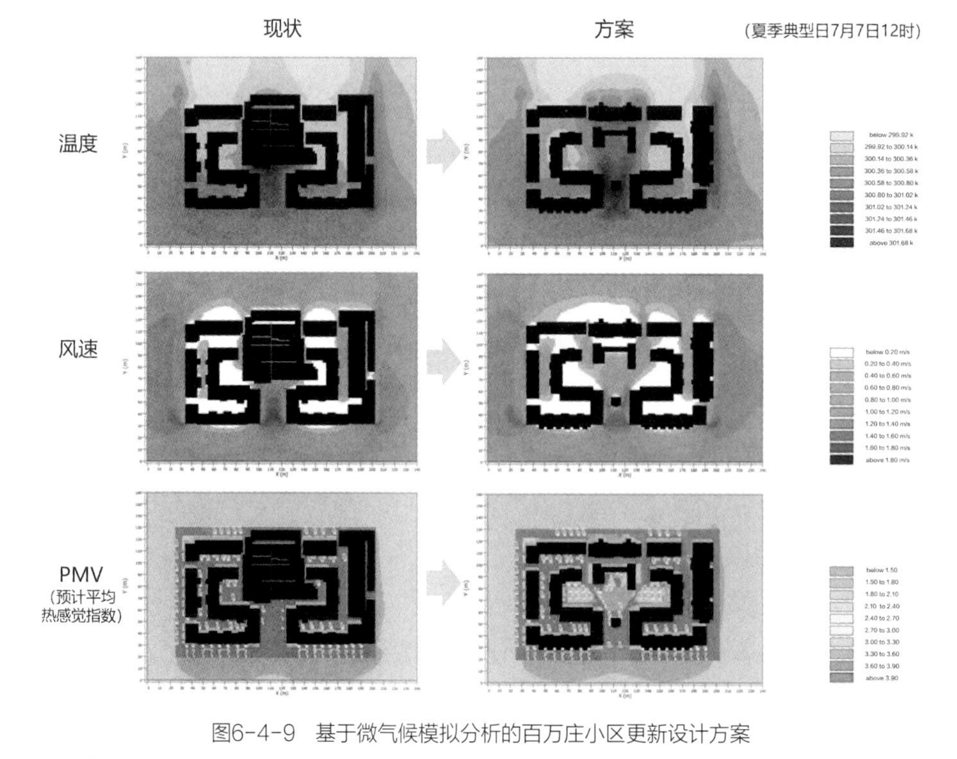

图6-4-9　基于微气候模拟分析的百万庄小区更新设计方案

来源：朱大鹏. 基于舒适度评价的百万庄社区更新研究[D]. 北京：北京建筑大学，2018.

四、植被绿化

1. 保留有价值的植被

综合分析项目场地植物分布和配置现状，保留范围内特色植被、古树名木、珍稀花卉、高大乔灌木等植被。

案例：上海杨浦滨江“绿之丘”景观设计

上海杨浦滨江“绿之丘”改造自原烟草公司机修仓库。“绿之丘”的植物配置，以保留场地原有大片狼尾草为主基调，保护原有自然生态特色，只是在部分路径转折处配置喷雪花（线叶绣线菊）（图6-4-10）。

图6-4-10 “绿之丘”鸟瞰图

图片来源：章明，张姿，张洁，等．“丘陵城市”与其“回应性”体系——上海杨浦滨江“绿之丘”[J]．建筑学报，2020（1）：1-7.

2. 植物的选取与配置

项目所在地的气候、土壤条件、植物固碳能力、经济性和后续管理难易度都是选择植物时需要综合考虑的因素。建议首选本地植物，以适应当地环境。为了达到节省维护资金且人工配置植物与当地自然和谐统一的目的，应该构建“乔、灌、草”合理搭配的多层次绿化结构。在日常管护方面，应以易于实施和绿色环保为原则。为了节水，可以选择使用中水、自然水体或收集雨水作为水源，并采用自动喷灌、滴灌等节水方式。

案例：北京龙潭中湖公园改建工程及配套项目

方法1：改善林木。在营林方面，采取间伐抚育策略来改造原本郁闭度较高的春林，使其逐步转变为健康的混交林；同时扩大绿量，对现有建筑基址区域、铺装面积过大区域以及裸露地较多的区域进行补植补种，通过不断调整林分结构来逐步提升林分质量；基本上保留现有的乔木，清除个别生长不良、遭受严重病虫害的乔木，并适当补植本地特色植被，以形成地域性植物景观（图6-4-11）。

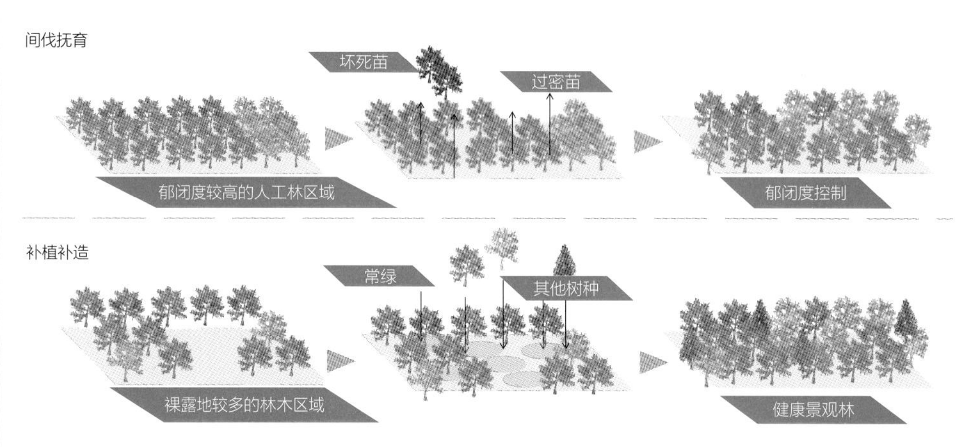

图6-4-11　林木改善模式示意

图片来源：孙文浩，赵文斌，王洪涛. 城市绿色空间更新策略的探索与实践——以北京市龙潭中湖公园改造项目为例[J]. 城市建筑空间，2022，29（6）：2-8.

方法2：丰富景观。为了改善暖季型草绿期短的问题，选择节水型混播草皮，使用结缕草和改良性早熟禾的组合，这种草皮不仅可以提高草坪的抗旱性和抗病性，还可以弥补绿色植物在冷季期间的缺失（图6-4-12）。此外，还应该注意到观赏草的形态和色彩方面，矮型观赏草通常用于花境或道路的边缘装饰，而中、高型观赏草则常以丛植方式种植，同时，高型观赏草也可以被密植以分割空间或作为背景（图6-4-13）。通过这样的搭配，可以确保四季都有美丽的景色，春夏季节可以欣赏到绿叶，秋季可以赏色，冬季则可以观赏到草的絮状物。

图6-4-12　节水型混播草皮的景观效果

图6-4-13　观赏草的景观效果

案例：北京中关村玉渊潭科技商务区玲珑巷土地一级开发城市设计

将建筑立面设计与立体绿化系统相结合，在建筑遮阳构件中种植小灌木和慢生长型攀缘植物。同时，对立面幕墙进行优化设计，以确保建筑能够最大化地享受绿化景观，避免建筑密集区的视线干扰。设计充分利用雨水收集设施来储存雨水并用于灌溉，从而在一定程度上改善建筑的光热环境，实现降低能耗和碳排放的目标（图6-4-14）。

图6-4-14　立体绿化示意

五、景观设施

在街区层面，景观设施主要包括景观小品、城市家具和标识系统。这些设施不仅具有使用和装饰功能，还能用于宣传、纪念和引导。在设计和建设景观设施时，应考虑使用安全、节能环保、可回收和易降解的材料。

1. 景观小品

景观小品包括亭子、廊子等建筑构造，以及美化环境的雕塑、花架、水池和喷泉等景观设施。设计和布置时，需要考虑场地的尺寸、主题和设计意愿。一般采用焦点式布局突出小品本身，或采用自由式布局强调整个场地的环境。

案例：中车成都工业遗存改造设计

设计将厂区内遗留的火车、铁轨、设备、管道等改造为景观小品，保留厂区记忆，营造园区特色，并增加活动空间的趣味性和体验性（图6-4-15）。

图6-4-15　将遗留的火车、铁轨、设备、管道等改造成景观小品

2. 城市家具

城市家具涵盖了坐具、灯具、护栏、垃圾箱、饮水器等多种设施。在设计上，需要综合考虑城市更新项目所在区域的使用需求、自然、文化等因素，与周边建筑和环境相协调，同时满足使用功能、安全、审美和无障碍等设计要求。

案例：北京阜成门内大街景观环境设计及建筑立面改造

特色栏杆设计：栏杆高度控制为0.8m，既可以保证人、车安全，又不遮挡视线，栏杆设计元素来源于“煤车”车轮，旨在留住街道历史痕迹。车轮花式每间隔80m设置一组，其余部分为简洁形式，兼顾车行与人行感受（图6-4-16）。

图6-4-16 特色栏杆史辙车轮栏杆设计效果

树池篦子设计：与栏杆圆形车轮形式有异曲同工之妙，同时满足行人在其上行走、植物生长、特色风貌塑造等要求（图6-4-17）。

车挡石设计：车挡石造型简洁，配合反光板放置于路口等位置，顶面刻制与阜成门内大街有关的文化意象（图6-4-18），既彰显品质，又提升街道文化建设水平。

图6-4-17 树池篦子设计效果图

图6-4-18　车挡石文化印章设计效果图

3. 标识系统

景观标识系统设计应做到标准、明确，一般常用图形符号等形式，并需布置在显著位置。

案例：北京龙潭中湖公园改建工程及配套项目

项目组特意为龙潭中湖公园设计了徽标（图6-4-19），龙形圆环的形象极具动感，很好地彰显出公园的“龙潭”人文意境以及作为体育公园的定位。公园内的

图6-4-19　龙潭中湖公园入口处的形象标识

景观标识牌将说明、指示功能融为一体，采用黑色金属板和棕色木纹板搭配，与周边环境相协调。标识牌的黑色部分标注公园名称、所处位置的地图及主要分区和景点，棕色部分标明徽标、附近的景点及设施（图6-4-20）。

图6-4-20　景观标识牌

第五节　完善绿色低碳设施规划

公共服务设施和市政基础设施的质量将直接影响人民群众的日常生活。解决设施不足的问题是解决人民群众迫切需求和治理城市问题的主要措施之一，也是城市更新中亟待关注的问题之一。在城市更新项目设计中，除了满足项目本身设施需求外，还需完善项目所在城市区域的相关设施，以充分发挥城市更新项目的社会效应。

一、公共服务设施

在街区层面，公共服务设施主要包括综合服务、教育、养老、医疗、文化、体育和商业服务七种类型（表6-5-1）。这些公共服务设施的配置直接关系到广大群众的日常生活和个人利益，是践行以人民为中心的理念、推动城市发展方式和市民生活方式转变的重要手段。

街区层面公共服务设施类型及配置时需要关注的问题　　表6-5-1

<table>
<tr><th>类型</th><th>要素</th><th>配置是需要关注的问题</th></tr>
<tr><td>综合服务</td><td>社区综合服务站</td><td rowspan="6">• 是否需要独立占地？
• 是否能与其他公共服务设施结合设置？
• 是否能结合现有或规划公共空间设置？
• 对建筑面积、用地规模有何具体要求？
• 是否能设置在城市更新项目中？
• 设施的可达性、便捷性？</td></tr>
<tr><td>教育</td><td>初中、小学、幼儿园、托儿所</td></tr>
<tr><td>养老</td><td>养老院、老年养护院、老年人日间照料中心、老年服务站</td></tr>
<tr><td>医疗</td><td>街道卫生服务中心（社区医院）、社区卫生服务站、私人诊所</td></tr>
<tr><td>文化</td><td>文化活动中心、文化活动站</td></tr>
<tr><td>体育</td><td>健身房、室外体育活动场地及设施、球类活动场地</td></tr>
<tr><td>商业服务</td><td>商场、综合超市、便利店、菜市场、餐饮店、理发店、洗衣店、药店、家政服务网点、维修点、银行营业网点、电信营业网点、邮政和快递寄送服务网点</td><td>• 在满足基本民生需求基础上，根据设计主题，依靠市场力量引导相关主体参与设置</td></tr>
</table>

注：相关内容主要参考住房和城乡建设部发布的《完整居住社区建设标准（试行）》、自然资源部发布的《社区生活圈规划技术指南》TD/T 1062—2021。

通过实地调研、走访和座谈等多种方式，全面了解城市更新项目所在区域各类公共服务设施的数量、分布、质量、可达性和满意度等现状。根据上位规划、相关标准规范以及城市更新项目的特点，借鉴社区生活圈和完整居住社区的理念，选择适当的空间来引入相应的服务功能。提倡服务设施的功能多样化，通过在街区层面填补不足、优化布局和提升质量，满足人民群众对美好生活的需求。

案例：青岛崂山区商务二区、三区街区更新设计导则

根据前期调研座谈，结合各地块产权单位、周边居民的实际需求，整体优化既有公共服务业态分布，利用既有建筑空间，特别是底层商业空间和建筑大堂空间，补充服务于城市与片区的公共服务设施，如餐饮、娱乐、体育、生活服务、培训等功能，奠定星级商业形象，吸引区域高端商务人群，促成写字楼商业整体繁荣发展，也为居民提供更便捷、更舒适的生活环境（图6-5-1）。

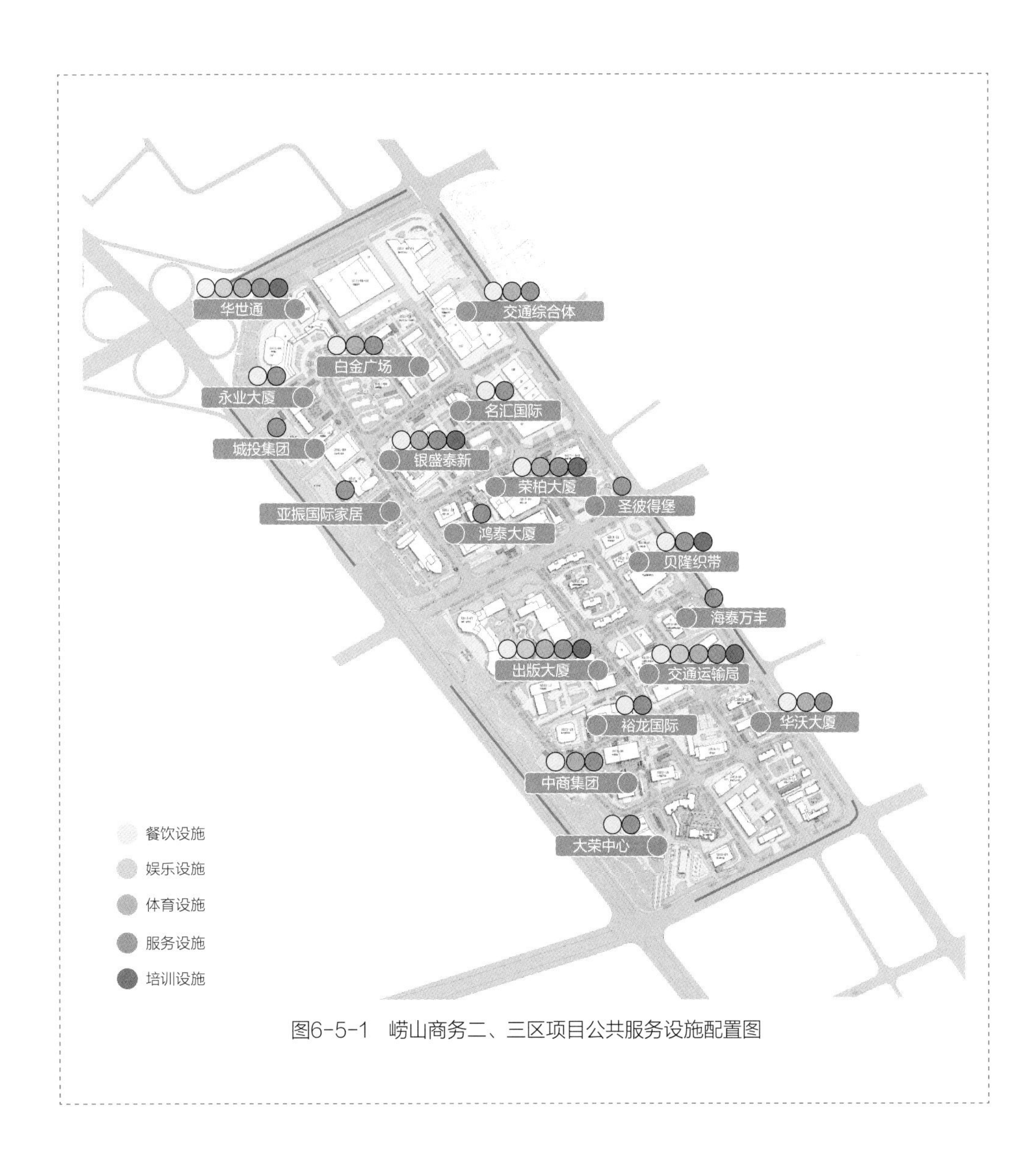

图6-5-1　崂山商务二、三区项目公共服务设施配置图

二、市政基础设施

街区层面涉及的市政基础设施主要包括给水排水、能源供给、通信、环境卫生、应急防灾、无障碍六种类型（表6-5-2）。促进市政基础设施的增量、提质、增效，为推进新型城镇化和城市高质量发展提供坚实基础。

街区层面市政基础设施类型及配置时需要关注的问题　　表6-5-2

类型	要素	配置时需关注的问题
给水排水	以韧性城市、海绵城市理念建设的供水系统、雨水系统、污水系统、再生水系统	• 既有设施是否存在老化、不达标、服务能力不足等问题？ • 是否需要独立占地？ • 对建筑面积、用地规模有何具体要求？ • 能否让架空管线入地？ • 能否设置综合杆箱？ • 能否设置地下综合管廊或管沟？ • 是否满足绿色低碳原则？
能源供给	开闭所、燃气调压站、供热站或热交换站、新能源设施、储能设施	
通信	通信机房、有线电视基站、以智慧城市理念建设的监控系统	
环境卫生	公共厕所、垃圾分类收集点、垃圾转运站	
应急防灾	消防站、微型消防站、避难场所、避难通道、以韧性城市理念建设的防灾系统	• 是否需要独立占地？ • 对建筑面积、用地规模有何具体要求？
无障碍	轮椅坡道和扶手、电梯、盲文或有声提示标识	• 对于既有建筑、公共活动场地、道路等是否需要增加设施？

注：相关内容主要参考住房和城乡建设部发布的《完整居住社区建设标准（试行）》、自然资源部发布的《社区生活圈规划技术指南》TD/T 1062—2021。

通过实地调研、走访座谈、专项评估等方法，综合考虑城市更新项目所在片区各类市政基础设施的现状情况。根据上级规划、相关标准规范以及城市更新项目的特点，绿色低碳导向的城市更新规划设计致力于建设具备韧性、海绵、绿色和智慧特点的城市，并在街区层面修补和优化设施的布局，提升设施的服务能力，以弥补市政基础设施不足、治理城市问题并降低整个街区的能耗。同时，根据智慧城市建设的最新要求，应对各类市政设施进行智能化和网络化升级。

案例：北京师范大学学五食堂周边老旧管网改造

学五食堂位于北京师范大学校园内，是师生日常就餐的主要食堂之一，区域人流密集，周边还分布有换热站、中水站等热源、水源场站建筑，以及冷库、食堂、浴室等用水、用电集中建筑，导致改造区域地下管线密集且种类众多，在此区域开展施工难度极大。

为了解决学五食堂周边改造区域地下管线密集、种类繁多，以及场地狭窄导致直埋管线敷设空间不足的问题，方案采用了小型管廊的敷设方式。与传统市政管廊不同，小型管廊不仅断面紧凑，还对交叉节点、吊装口、管线引出节点等部分进行了小型化的优化设计（图6-5-2）。同时，方案采用总图管网综合设计理念，统筹协调场地内直埋重力流管线和小型管廊，以确保管网的安全运行、绿色节能和经济适用。

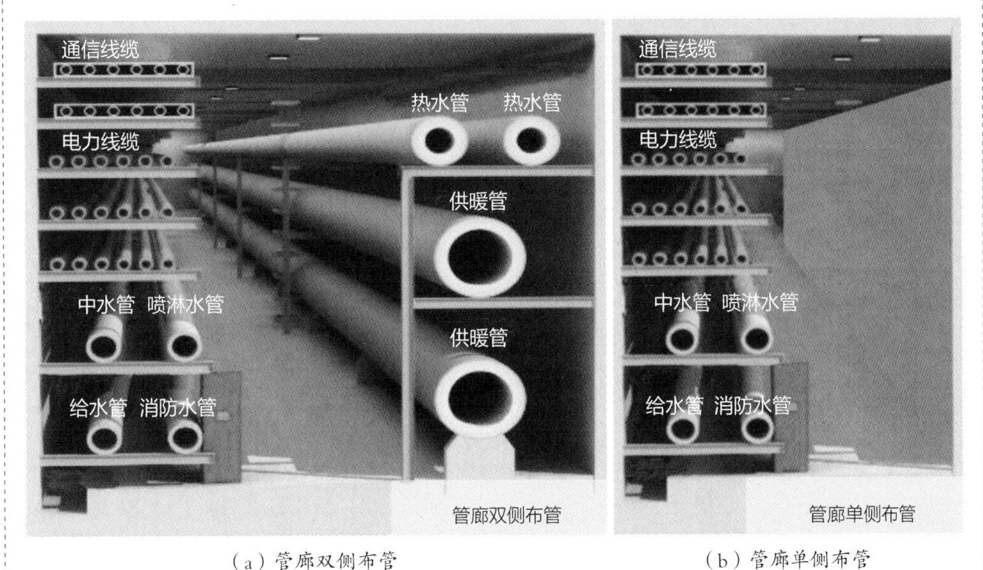

（a）管廊双侧布管　（b）管廊单侧布管

图6-5-2　小型管廊布置方式示意

三、海绵城市设计

海绵城市是新一代城市雨洪管理概念，是指城市能够像海绵一样，在适应环境变化和应对雨水带来的自然灾害等方面具有良好的弹性，海绵城市的建设过程需要将各要素重新整合，并加以梳理，使其更好地互相协作。可以从三个层面梳理分析海绵城市的设计手法，分别是宏观层面、中观层面和微观层面，分别对应城市规划设计、建筑和街道设计、场地和景观设计。本书专注于城市更新中、微观层面的设计内容。

1. 中观层面

中观层面包括城市的城镇和乡村，本层面关注的重点是各个区域的分片研究。各规划区域中的大面积水域包括河道和池塘，结合城市宏观规划中的集水区、汇水区的布局情况，合理规划建设中观层面的“区域海绵系统”，并将其与土地利用控制性规划和各区域的城市设计相结合，综合解决区域中存在的不绿色、不低碳、不能达到可持续发展问题。

案例：六盘水城市海绵系统

六盘水是一个于20世纪60年代中期兴起的工业城市，被石灰岩山丘环抱，水城河流贯穿其中。该城人口密集，约有60万人居住在60km^{2}的土地上。六盘水市的水生态综合治理旨在减缓来自山坡的水流，建立一个以水过程为核心的生态基础设施，以存储和净化雨水，使水成为重建健康生态系统的活化剂，并为城市提供自然和文化服务。为了构建完整的城镇海绵系统，该项目从水城河流域和城市两个层面进行海绵城市工程设计。首先，河流将现有的小溪、湿地和低洼地串联起来，形成一系列蓄水池和具有不同净化能力的湿地，从而建立起雨洪管理和生态净化系统。这种方法不仅能够最大限度地减少城市的雨涝灾害，还能在旱季期间提供持续不断的水源。其次，项目拆除了渠化河流的混凝土河堤，重建了自然河岸的湿地系统，发挥了河流的自净能力。再次，项目建立了连续开放空间，并增加了人行道和自行车道网络，以便更好地连接滨水区域。最后，滨水开发与河道整治相结合，以水为核心的生态基础设施促进了六盘水的城市改造，提升了城市土地价值，增强了城市活力（图6–5–3）。

图6-5-3　六盘水明湖湿地城市海绵建成实景

图片来源：俞孔坚，栾博，黄刚，等．让水流慢下来——六盘水明湖湿地公园[J]．建筑技艺，2015（2）：92–101.

2. 微观层面

海绵城市在微观层面最终要实现具体的“海绵体”，例如公园、小区等特定区域和局域集水单元的建设。在这个范围内，需要综合应用一系列水生态基础设施建设技术，包括但不限于：对自然的最小化干预技术、与洪水共存的生态防洪技术、增强型人工湿地净化技术、城市雨洪管理绿色海绵技术、仿生修复技术等。

案例：哈尔滨群力雨洪公园①

位于哈尔滨的群力雨洪公园（群力国家湿地公园，占地34km^2）是中国首个旨在解决城市内涝问题的国家级城市湿地公园。该公园通过整体景观设计的方式实现了生态化的雨洪管理。自2011年建成以来，该公园在解决城市雨涝问题中发挥了重要作用（图6-5-4、图6-5-5）。设计中的关键技术要点包括：

（1）以雨洪安全格局为基础，规划了由“集水城区—汇水湿地”组成的绿色海绵综合体，该综合体具有镶套式结构。

（2）通过“填—挖”技术形成了“海绵地形”，这不仅为创造多级湿地系统提供了地形基础，还为营造多样化的生物栖息地和游憩空间提供了低成本的环境基础。

（3）构建了“水质净化—蓄滞水地下水回补”多级多功能湿地系统，该系统主要整合了潜流和表流湿地技术，通过土壤和生物净化，将净化后的雨水引入中央低洼湿地，以补充地下水。按照“水质净化人工湿地—蓄滞人工湿地—地下水回补与生物多样性恢复湿地”的顺序，依次构建了三类湿地系统。

（4）在实施特色生境修复时，充分利用地形和水量分布特征，将其与乡土生物保护、游憩和科普教育功能相结合。

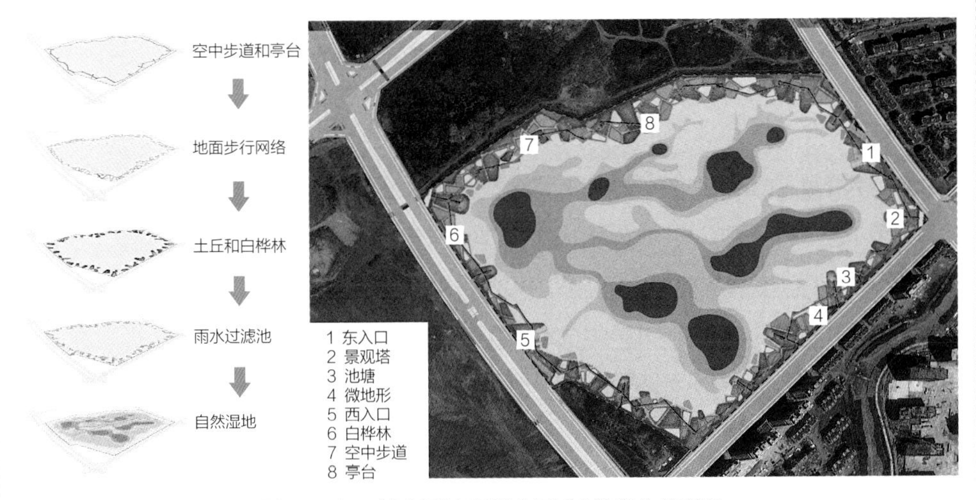

图6-5-4　哈尔滨群力雨洪公园城市海绵体总平面

① 姜震宇. 海绵城市建设及应用探讨[J]. 建筑工程技术与设计，2017（19）：125-126.

图6-5-5　哈尔滨群力雨洪公园城市海绵体建成实景

第六节　推广绿色低碳建筑技术

绿色建筑是“在全生命周期内，节约资源、保护环境、减少污染，为人们提供健康、适用、高效的使用空间，最大限度地实现人与自然和谐共生的高质量建筑”①。绿色建筑符合绿色低碳发展的要求，而且其中许多技术可实现节能减碳效果。在城市更新项目设计中，应当借助建筑环境模拟技术，将绿色建筑技术应用于建筑的能源优化利用、资源循环利用、提升舒适体验等方面，以进一步减少建筑的碳排放，实现低碳或零碳目标。

一、绿建技术模拟优化

在城市更新项目概念方案设计阶段，建议使用专业的建筑环境模拟分析软件来比较

---

① 住房和城乡建设部. 绿色建筑评价标准：GB/T 50378—2019[S]. 北京：中国建筑工业出版社，2019.

不同方案，以优化建筑设计。通过模拟场地的微气候环境，可以创造出舒适的光、风、声和热环境，最终塑造出符合绿色低碳技术要求的建筑空间布局。

通过分析光线、声音、风力和日照等因素，确定最佳的建筑朝向，以便在冬季增加保温性能和日照时间，在夏季则优化通风条件并避免过度暴晒。通过分析气象和地形数据，可以营造出适宜的场地微气候，设置生态廊道，创造更多开放共享的空间，同时减少能源消耗。通过分析视觉效果，可以协调项目本身与周边建筑环境之间的空间和景观关系。

案例：中国建筑设计研究院创新科研示范中心

项目位于北京市西二至三环之间的中国建筑设计研究院，属于城市有机更新区的建设项目。项目地上14层，地下4层，地上建筑面积约2.1万平方米。不同于大院内其余楼宇的单纯的办公属性，项目要将原场地功能（如篮球场、食堂等）还建于新建筑中，同时随着院墙被取消，面向城市的开放性也要求其成为更具复合功能的办公综合体。

设计强调充分融入既有环境，在不影响周边建筑日照的条件下，反推建筑形体，降低北侧的体量以减弱对旁边高层建筑的视觉压迫（图6-6-1）。

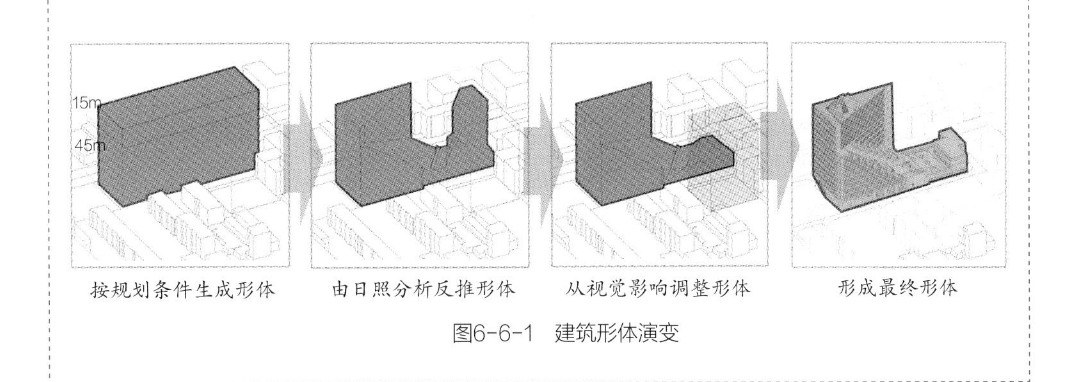

图6-6-1 建筑形体演变

二、建筑能源节约利用

城市更新项目要实现绿色低碳目标，首先要降低项目本身的能耗，提高能源利用效率，从建筑主体优化、建筑界面优化、可再生能源利用及低碳设备的选用等方面，实现项目低能耗、低排放、高效能、高效率的目标（表6-6-1）。

建筑能源优化利用技术汇总 **表6-6-1**

<table>
<tr><th colspan="2">类别</th><th>方法</th></tr>
<tr><td colspan="2">建筑形体优化</td><td>• 建筑体形系数优化</td></tr>
<tr><td rowspan="2">围护
结构优化</td><td>屋顶</td><td>• 采用复层绿化、屋顶绿化等控制热岛效应</td></tr>
<tr><td>墙面</td><td>• 运用外墙内外保温技术；
• 使用热惰性材料；
• 安装低辐射玻璃；
• 安装室内外遮阳构件与设施；
• 使用空气余热交换系统；
• 增强门窗密封性</td></tr>
<tr><td rowspan="3">设备
节水节能</td><td>节水</td><td>• 节水器具；
• 冷却塔与减压阀；
• 节水灌溉系统</td></tr>
<tr><td>节电</td><td>• 节能灯具：节能自熄控制方式、群控楼宇智能管理技术；
• 光感器控制室内人工光源照度；
• 安装室内导光板；
• 安装高性能稳压器、镇流器；
• 节能电梯：轿厢无人自动关灯技术、驱动器休眠技术、自动扶梯变频感应启动技术、群控楼宇智能管理技术</td></tr>
<tr><td>通风与空调</td><td>• 气候补偿控制系统；
• 高温凝结水回收系统；
• 智能变频调节系统；
• 自然通风结合机械通风；
• 安装高能效风扇；
• 安装蓄冰空调</td></tr>
<tr><td colspan="2">可再生能源利用</td><td>• 光伏发电；
• 太阳能供热系统；
• 风力发电；
• 地源、水源、空气源等热泵系统</td></tr>
</table>

1. 建筑形体优化

在既有建筑改造时，优化体形系数，满足使用功能，符合采光通风要求。针对既有建筑进行形体优化，形成较为规整的建筑形体，调节场地微气候，减少室外环境对建筑的影响。

案例：中国建筑设计研究院一号楼改造

中国建筑设计研究院一号楼位于北京市西城区车公庄大街，始建于1956年，虽然历经多次改造，外观风貌明显破旧，已不能满足企业发展的需要。

改造中对建筑南部进行局部扩建，利用原有建筑中段后退形态扩展门厅共享空间规模，使得总体建筑形态更加方整，在总体风貌提升的同时优化了建筑体形系数（图6–6–2）。

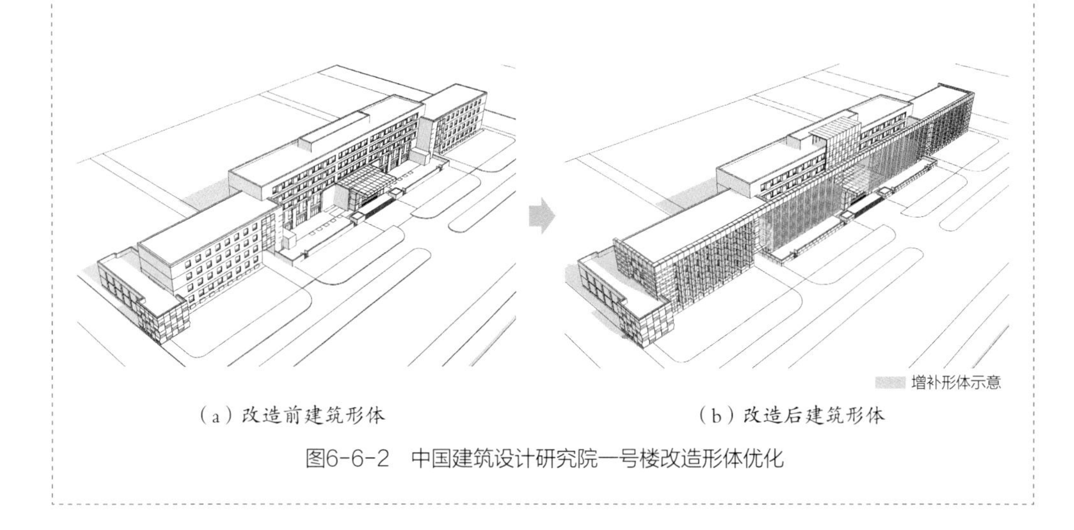

（a）改造前建筑形体　　（b）改造后建筑形体

图6-6-2　中国建筑设计研究院一号楼改造形体优化

2. 围护结构优化

针对不同地区的气候差异，在建筑界面结构改造设计中考虑光、热、风、湿等关键气候要素对建筑内外界面的影响。通过合理调整建筑内外围护结构的形式、选材和构造等，设计实现了采光遮阳、通风控风、蓄热散热、保温隔热等目的。通过改善室内环境，并借助模拟技术分析等手段，优化界面设计，过滤眩光，降低光污染，阻隔噪声，减少过量热辐射，从而提升了室内环境的舒适性。

案例：太原市滨河体育中心改扩建

太原市滨河体育中心建成于1998年，是山西省早期修建的大型综合性体育场馆之一，为迎接2019年第二届全国青年运动会，需要对场馆进行改造与扩建，将作为乒乓球、举重项目的比赛场馆。

滨河体育中心改扩建幕墙设计中，为应对当地沙尘较大的气候测试了多种配比的铝板表面涂层，以到达光亮、不眩光、自洁的效果，实现界面的优化升级（图6–6–3）。

图6-6-3　太原市滨河体育中心改扩建后的幕墙设计

案例：重庆市规划展览馆建筑设计

重庆市规划展览馆位于重庆市长江与嘉陵江交汇处，由原弹子石车库改造而来。

展览馆在原有结构体系的基础上加入外立面支撑结构，金属幕墙的底部开启，与原建筑之间形成层次丰富的过渡灰空间，通过角度设计形成良好的通风与遮阳效果，同时为观众提供舒适的观景空间。幕墙的格栅设计体现气候适应性，通过角度的设置增强建筑的遮阳通风效果（图6-6-4）。

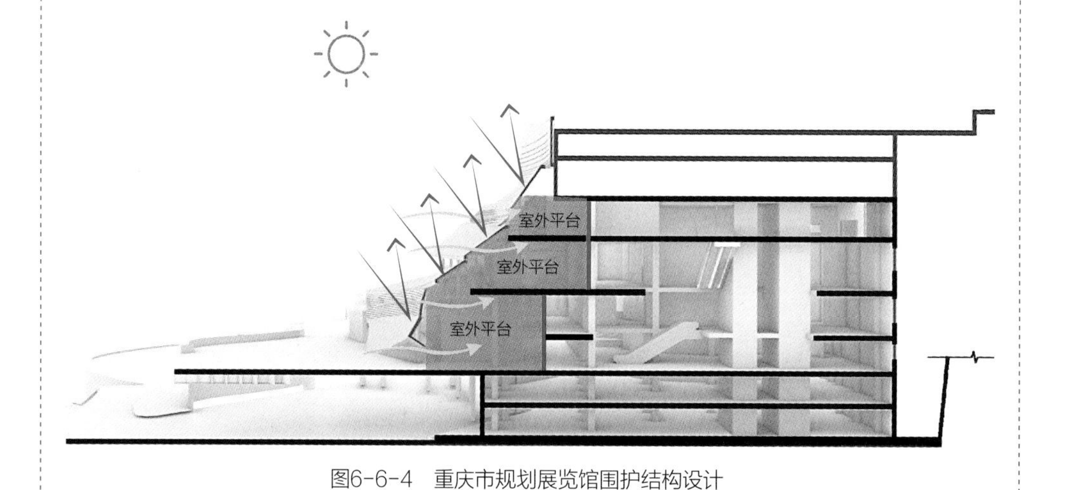

图6-6-4　重庆市规划展览馆围护结构设计

3. 设备节能

针对更新类建筑的设备系统，经常需要进行整体升级改造。建筑设备包括给水排水、供暖、通风、空气调节、照明、安防等系统。为了节约资源，给水排水设备应选用节水设备；通风方面应尽量采用自然通风方式；照明方面推荐使用节能灯泡和节能镇流器，并优先利用自然光线；在尽量减少空调使用的前提下，温控设备可以考虑使用蓄冰空调和变频调速系统。总体上通过优化设备的自动控制系统，以对建筑设备的低能耗运行进行控制和管理。

案例：中国建筑设计研究院创新科研示范中心

项目运用大量的节能技术和设备，如温湿度独立控制的干式多联机系统、地缘热泵与电制冷复合系统、太阳能空调与供暖系统、太阳能生活热水设备、太阳能光伏与光导管照明设备等，力求最大限度地减少建筑能耗，提升建筑节能水平，打造绿色发展的示范建筑（图6-6-5）。

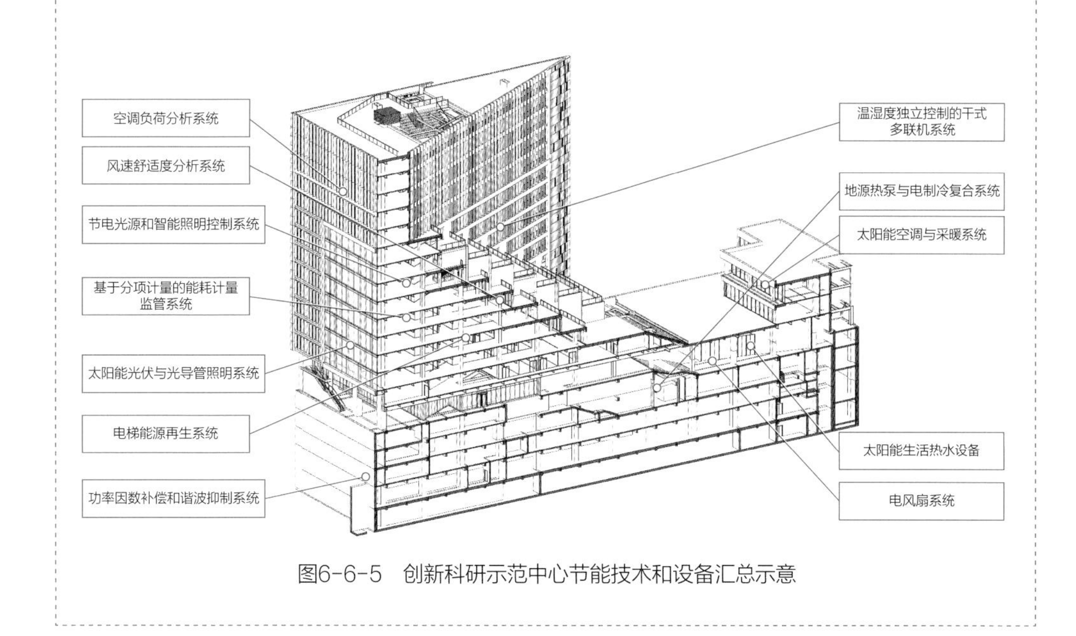

图6-6-5　创新科研示范中心节能技术和设备汇总示意

4. 可再生能源利用

在各种可再生能源中，太阳能是一种应用广泛且技术相对成熟的能源，可以用于光伏发电系统和太阳能供热系统。除此之外，水能、风能、生物质能、潮汐能和地热能也是应该被充分利用的可再生能源，比如风力发电设备和地源、空气源热泵系统。

案例：北京东升中关村科技园

北京东升中关村科技园案例聚焦重塑绿色能源供应系统。规划园区紧邻城市再生水厂，考虑再生水出水温度相对稳定，是优良的浅层地热能源，设计再生水源热泵系统，代替传统的锅炉房和中央空调。经测算仅利用再生水厂1/3左右的再生水量进行热量交换即可满足该项目30万平方米建筑的供暖和制冷需求，每年减少能耗5000t标准煤，减少11500t的碳排放（图6-6-6）。

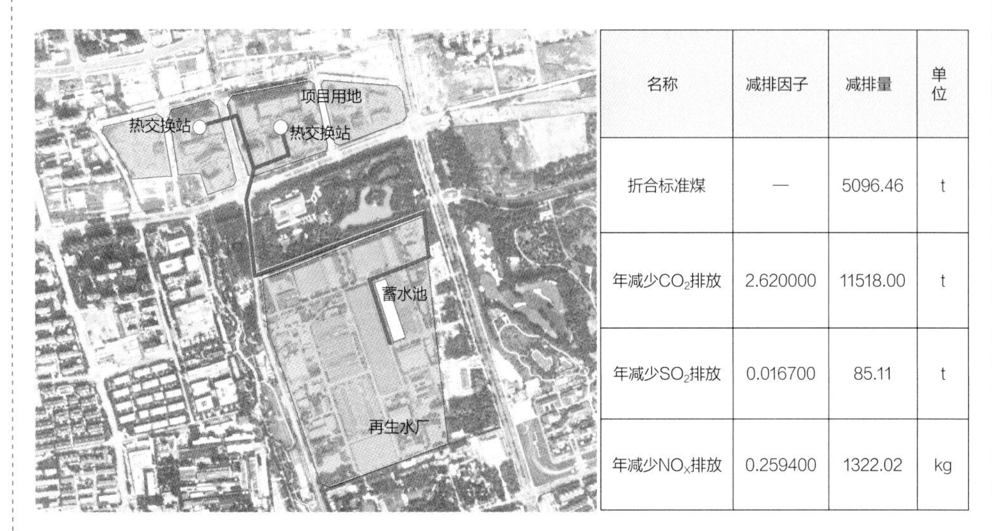

名称	减排因子	减排量	单位
折合标准煤	—	5096.46	t
年减少CO_2排放	2.620000	11518.00	t
年减少SO_2排放	0.016700	85.11	t
年减少NO_X排放	0.259400	1322.02	kg

图6-6-6　北京东升中关村科技园中水源热泵系统示意图及减排量表

三、建筑资源节约利用

在建筑设计中，应该综合考虑施工流程、工艺、建材等因素，实现智能化、数字化和装配化，从而减少施工产生的污染和废弃建材。同时，采用更新改造废弃建材就地利用，以实现“节材、节水、节地、节能”的目标。

1. 建筑材料再利用

在对建材总量进行精细化控制的基础上，可以采用可循环、可再生的材料，并优先考虑再生周期较短的材料，比如竹木、玉米纤维和软木板等。同时，鼓励在建筑过程中就地取材，以减少运输损耗和时间成本。此外，提倡回收已有建筑拆除产生的废料，并对其进行二次加工，用于新建建筑，以减少污染和浪费，并提高材料的利用率。

案例：雄安设计中心

雄安设计中心前身是澳森制衣厂生产主楼，为积极响应党中央设立雄安新区的战略部署，在雄安新区管委会支持下，由中国建设科技集团与同济大学共同投资建设，旨在为先期进驻雄安的国内外设计机构提供办公场所与交流平台。改造建筑总规模约12317m^2，原有主楼1～5层主要功能为租赁式办公，加建部分包含了会议中心、展廊、会议室、餐厅、制图、共享书吧、屋顶农业、零碳展示馆、超市等配套功能，是未来雄安设计、艺术、文化、展示的交流的窗口。

为了减少建筑垃圾外运，设计采取就地消化的策略。针对改造拆除过程中产生的大量破碎混凝土，设计中将混凝土碎块先填充到石笼里，形成石笼院墙，起到围护和景观装饰作用（图6–6–7、图6–6–8）。把玻璃碴跟其他材料混合起来，做成耐用美观的整体磨石地面（图6–6–9、图6–6–10）。

图6-6-7　石笼院墙外观一

图6-6-8　石笼院墙外观二

图6-6-9　磨石地面

图6-6-10　磨石地面与木地板的结合

2. 水资源回收利用

雨水和中水回用系统是水资源回收利用的主要方式。雨水回用系统主要包括调蓄排放、地面雨水入渗以及回收利用屋面雨水等方法；中水回用系统则是指回收建筑内的生活污废水，经生态化处理后，满足非饮用的杂用水需求，比如冷却塔补水、冲厕用水、景观水池补水以及绿化用水等。在城市更新项目中，应根据场地和建设条件要求合理改造补充相应系统。

案例：中国建筑设计研究院创新科研示范中心景观设计

建立海绵体系统筹组织雨水，以解决场地内路面积水问题，特别设置370m^{2}海绵生态示范区，创新使用蜂巢蓄水模块、透气防渗毯等新技术材料，并通过雨水汇集形成节水型池塘景观。目前，场地内年径流总量控制率可达85%（图6-6-11、图6-6-12）。

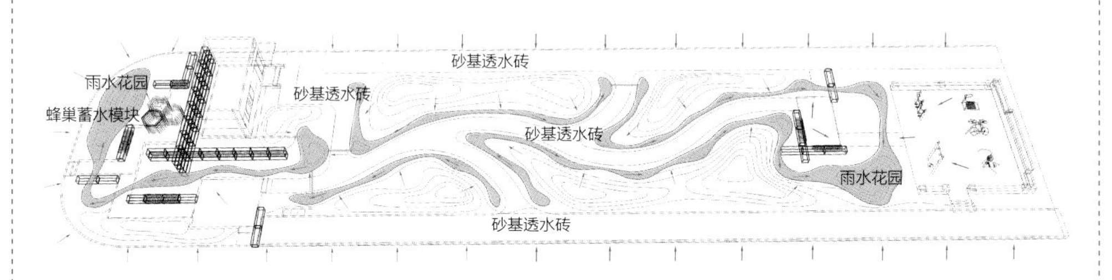

图6-6-11　可视化雨水路径示意

图6-6-12　雨水花园建成效果

四、提升室内环境舒适度

舒适性是人与环境之间相互作用的动态过程。除了客观物理环境的影响外，人的主观感受也起着重要的作用，而且不同的个体对舒适性的感受也各不相同。客观环境包括声音、光线、温度、湿度以及空气质量等方面。主要通过提高室内环境质量指标，如温度、湿度、噪声标准、照度和污染物浓度等，优化室内环境舒适度。

1. 加强自然采光

满足照度和减少采光能耗的要求只是自然采光的一部分，更重要的是满足人们对自然阳光、外部环境感知、昼夜交替、阴晴变化、季节气候等信息感知的心理需求。当建筑无法获得充足的自然采光时，可以通过优化采光口的性能，利用导和反光等技术手段来增强室内的自然采光。此外，设计天窗时应根据建筑功能的需求选择合适的采光口形状和尺寸：对于没有自然采光的室内空间，可以使用导光管技术以间接利用自然光；对于进深较大、采光条件受限的室内空间，可以结合反光板和散光板等构件来引导自然光线。

案例：北京威可多制衣中心改造

威可多制衣中心是一家以设计、生产高档男装为主的本土服装企业。被改造对象是厂区内最早的一栋建筑，建于2000年，最初的功能是5层的服装生产车间。随着企业自身发展和北京市疏解非首都功能两方面的需要，整个生产厂区也面临着从生产中心向设计研发中心转型。业主选择改造而非拆除新建，是希望将企业成长的记忆延续下去。

为了实现大进深建筑自然采光并且将室外景观引入室内，建筑外墙采用通透性较好的单层索网点驳接幕墙（图6-6-13、图6-6-14）。

图6-6-13　北京威可多制衣中心幕墙设计

图6-6-14　北京威可多制衣中心平台空间

案例：北京西郊汽配城改造

北京西郊汽配城位于北京西四环四季青桥西北侧，原汽配城将改造为办公空间。

保留原汽配城大跨度厂房主体结构，为满足办公建筑的自然采光的需求，将部分厂房主体结构整跨拆除，增加建筑间距（图6-6-15）。

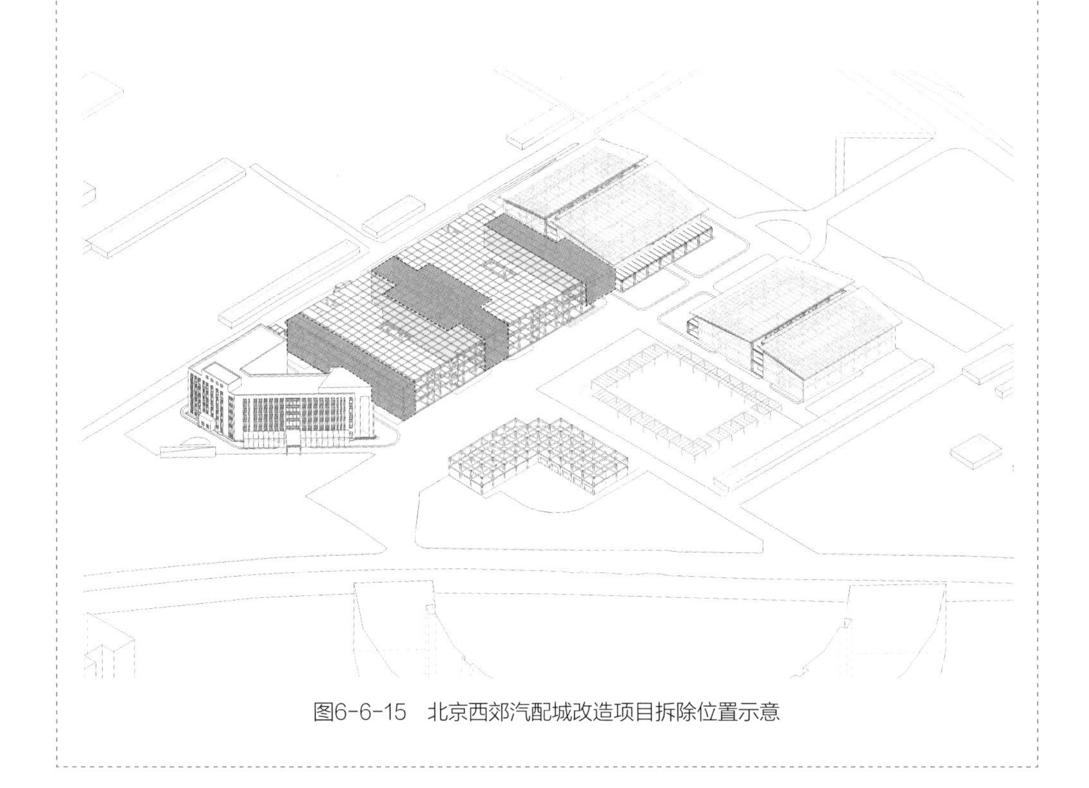

图6-6-15　北京西郊汽配城改造项目拆除位置示意

2. 促进自然通风

自然通风是一种不需要使用机械动力的通风方法，只要满足适宜的条件，就能够实现通风换气，从而有效提高居住者的舒适度，减少室内污染物的浓度，缩短空调等设备运行时间，降低空调和机械通风的能耗。自然通风是一种经济实用的通风方式，在建筑改造中应根据自然通风的需求合理设置建筑洞口的位置和尺寸，并采用可调节的开闭系统。在公共建筑中，可以通过中庭结合天窗来促进烟囱效应通风，并根据主导风向布置主要功能空间。对于室外环境污染严重的地区，还应设置空气净化系统，对室内空气进行监测和处理。

案例：中车成都工业遗存改造设计

原大尺度厂房相邻排布，连续的室内空间自然通风不佳，改造中将连续厂房中部的组装车间拆除屋顶，改造为内部花园，相邻建筑实现自然通风（图6-6-16）。

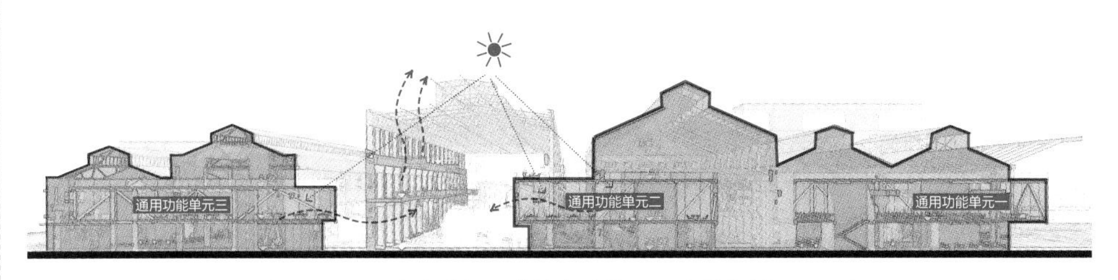

图6-6-16　中车成都工业遗存改造项目改善自然通风示意

3. 提升室内热舒适性

室内热环境指影响人体温度感受的各种室内环境因素。这些因素包括室内空气温度、湿度、气流速度以及人体与周围环境之间的热辐射传递。在建筑改造过程中，应采取措施来减少不必要的阳光照射和空调制冷，以降低能耗并改善室内热舒适度。建筑的窗墙比例和通风面积应根据气候条件进行合理设置。此外，根据建筑朝向的不同，应合理设计遮阳措施，控制阳光直射室内，避免局部过热和眩光问题。

案例：哈佛大学科学和工程综合楼

建筑在四个朝向分别使用了四种基本的立面类型，液压成型的不锈钢格栅包裹在项目实验室部分的外围。该结构的尺寸经过精密计算，可以减少夏季太阳辐射，增加冬季光照，从而降低冷热荷载（图6-6-17）。格栅还可以将自然光反射到室内，保持较大的视野开口。所有的玻璃都采用三层玻璃，以减少热量损失（图6-6-18）。

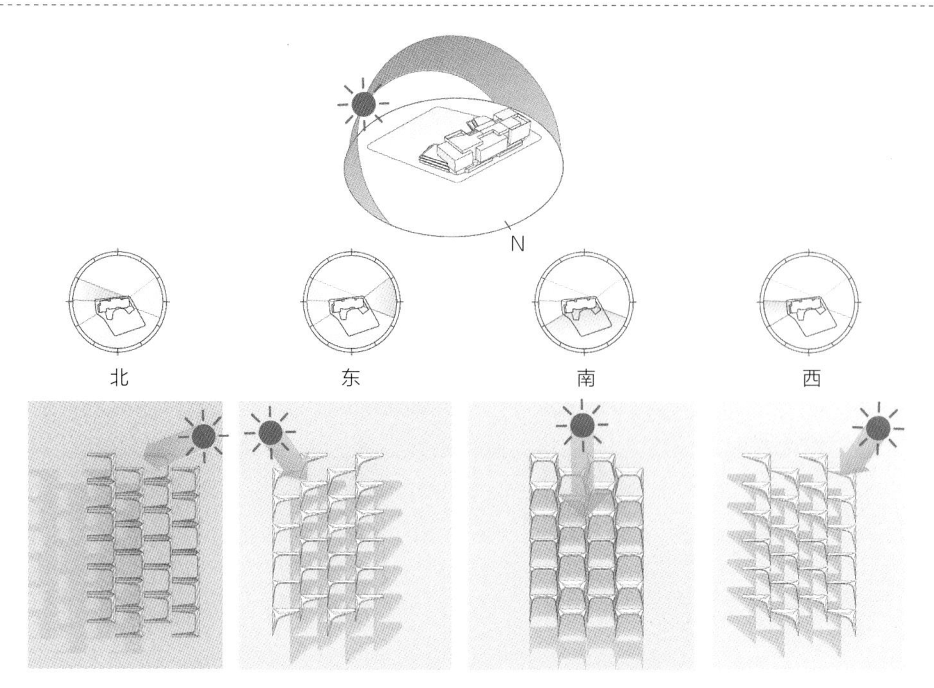

图6-6-17　太阳方位与格栅遮阳效果分析

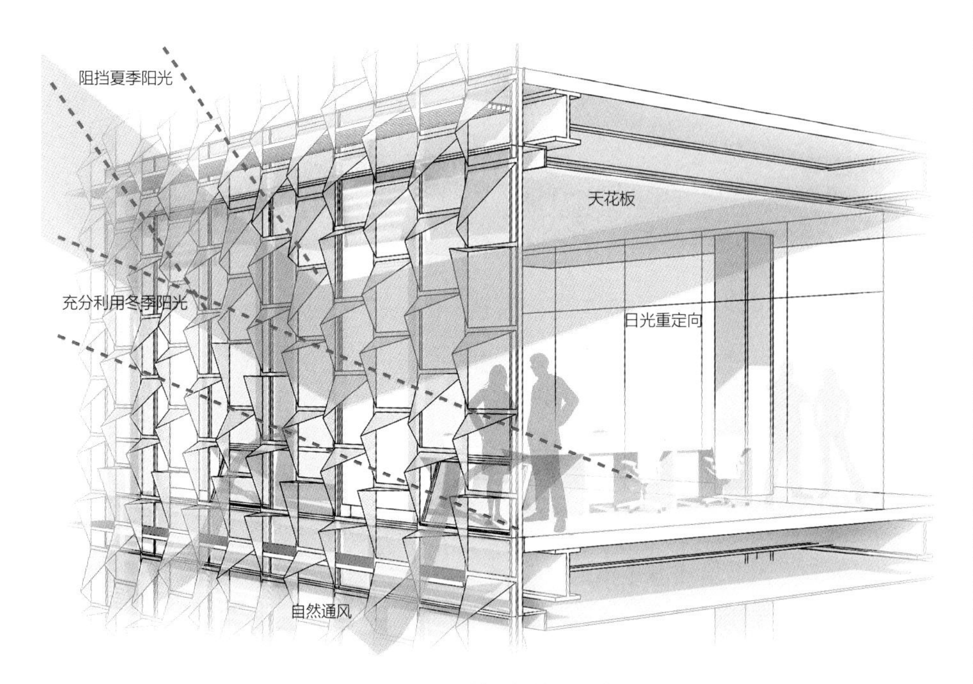

图6-6-18　外围护结构示意

图片来源：哈佛大学科学和工程综合楼. 美国/ Behnisch Architekten[Z/OL].（2022-03-28）[2023-08-15]. https://www.gooood.cn/harvard-university-science-andengineering-complex-behnisch-architekten.htm.

第七节　实现绿色低碳建筑改造

随着城市的发展和变化，一些建筑已经不再满足当代的需求。然而，在经过综合评估后发现，这些建筑的质量相对较好，并且具有一定的再利用价值。因此，在设计过程中应该以改造为主，尽量减少拆除。通过改造和利用现有的建筑，可以减少拆除过程中产生的建筑垃圾，同时也减少了新建过程中消耗的大量建材、能源和资源，间接减少碳排放。

一、功能结构

当现有建筑无法满足当前的使用需求时，选择适应发展需求的建筑功能。

要明确新增功能需求，并将新老功能进行整合，形成新的功能体系。根据保留建筑的空间契合度置换、改变和增加功能。同时，还应细化功能布局、优化功能流线，以满足新的使用需求。

案例：北京建筑大学教二、教三改造意向设计

教学楼的建筑结构体系具有改造为公共空间的基本条件，最大限度地拆除墙体、连通空间、重塑建筑功能布局，将原有教学功能空间（教室等）转变为公共空间（阅览室等）（图6–7–1、图6–7–2）。

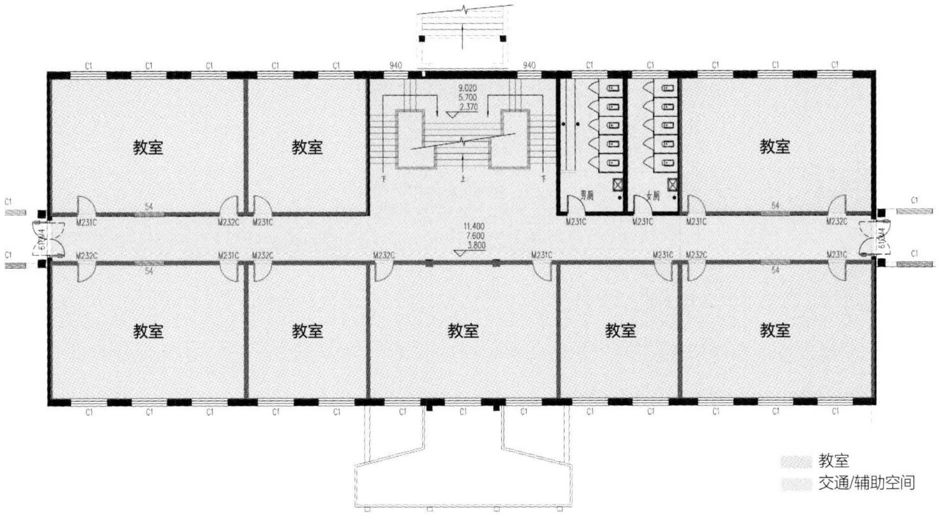

图6-7-1　改造前后标准层平面

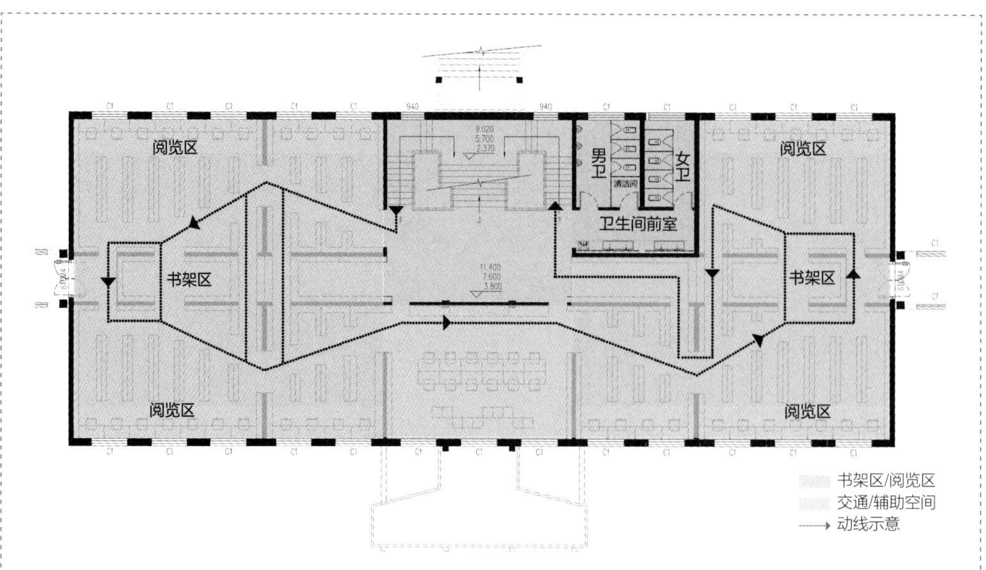

图6-7-1　改造前后标准层平面（续）

图6-7-2　改造后教学楼空间效果

▌案例：西安大华纱厂厂房及生产辅房改造

根据既有建筑的结构体系特点及功能需求，设定单层利用（2种）、增加夹层（2种）、整合利用、整体利用、添加新元素（2种）8种空间利用类型（图6-7-3）。根据功能策划，为不同类型的空间植入匹配的使用功能（图6-7-4）。

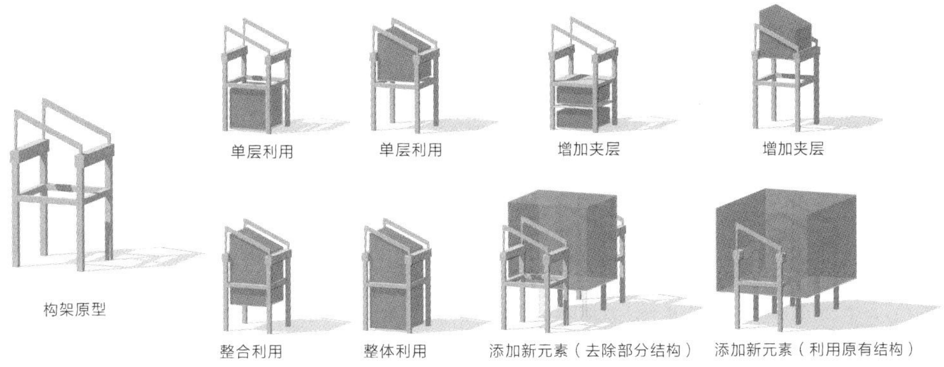

构架原型

单层利用

单层利用

增加夹层

增加夹层

整合利用

整体利用

添加新元素（去除部分结构）

添加新元素（利用原有结构）

图6-7-3　8种空间利用类型

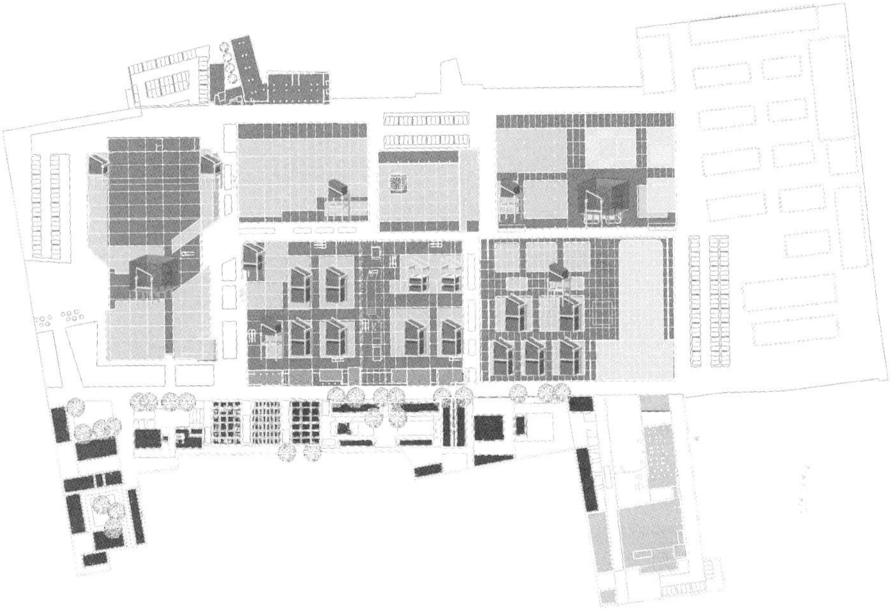

图6-7-4　不同空间利用类型在建筑上的体现

二、留改拆增

如果一座建筑物还没有达到使用寿命，对其进行改造再利用将成为首选，是符合绿色低碳发展理念城市更新的重要技术措施。改、扩建现有建筑物在满足人们对建筑功能新需求的同时，还可以保留其历史记忆和价值认同。

与新建项目相比，城市更新项目通常面临更复杂的现状条件和更多的不确定因素。对于改、扩建既有建筑物，需要准确判断现状问题，明确改、扩建的内容和目标，提出针对性的设计策略，并编制能满足工期和造价预算的设计任务清单，最后完成改造工程的深化设计。在这个过程中，特别需要注重控制造价，积极利用现有资源，将有限的资源投入到关键问题上。

案例：北京隆福寺文化商业区复兴

隆福大厦南楼于1988年建成开业，采用钢筋混凝土梁板结构，并于20世纪90年代加固改造；北楼于1998年建成开业，采用钢筋混凝土框架结构（图6-7-5、图6-7-6）。经过综合评估对其进行改造设计，将建筑功能布局与结构加固紧密结合（图6-7-7）。

图6-7-5　北京隆福大厦原有建筑结构

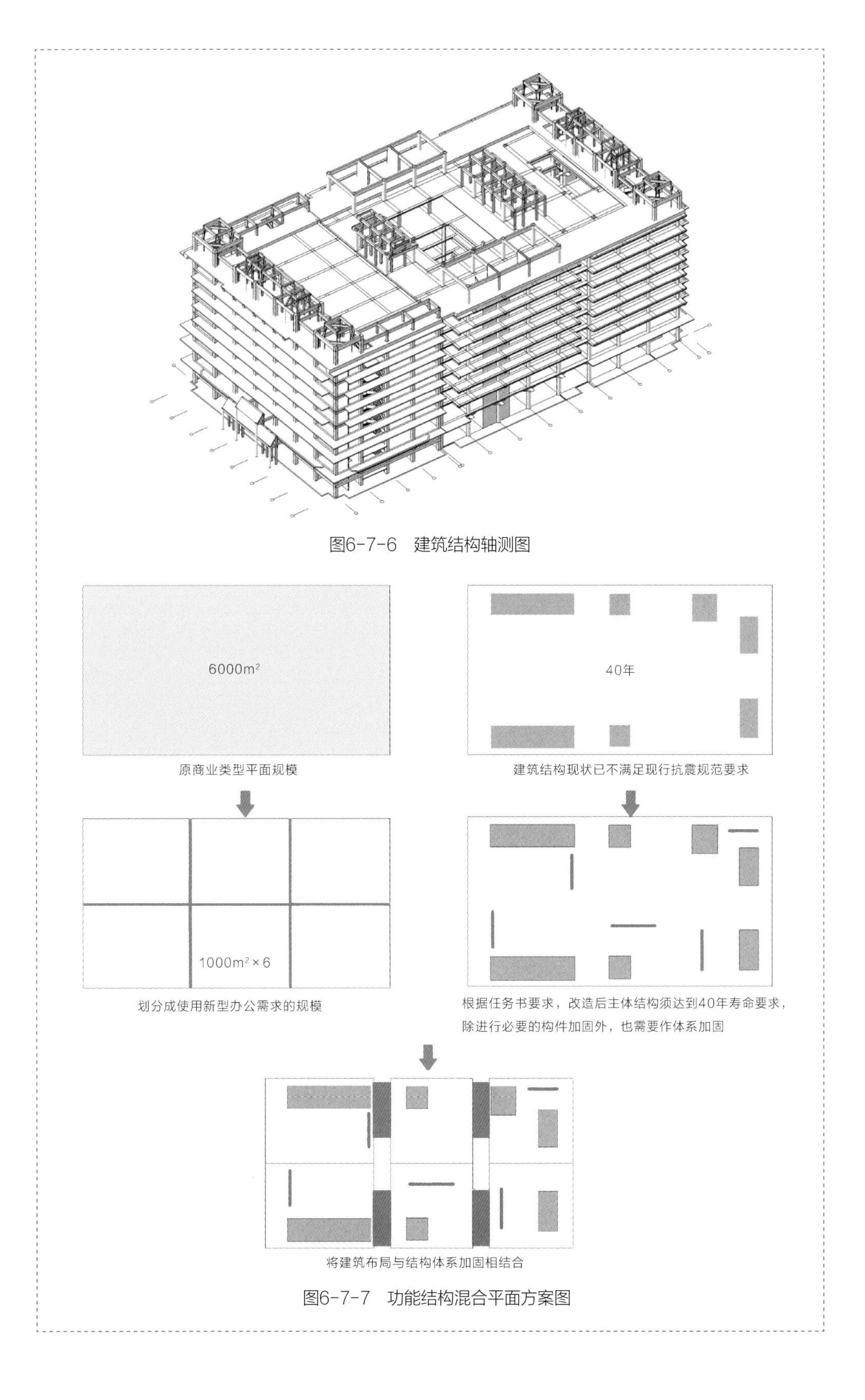

图6-7-6　建筑结构轴测图

图6-7-7　功能结构混合平面方案图

三、新旧协调

在城市更新中，必须谨慎处理既有建筑与新建建筑之间的关系。为了在新旧建筑之间实现协调，我们需要准确把握各种既有条件，并制定合理的设计策略。新建建筑应该延续原有环境和结构，必要时可以保留既有元素和秩序，以协调新旧建筑之间的风貌，使其能够在城市环境中和谐共存。

在对既有建筑进行综合评估的基础上，应根据新的使用功能来最大化利用保留空间，并确定合理的空间布局、尺度和交通流线。在必要时，可以进行适当的空间加减和组织，调整和重构空间形态。同时，要凝练提取既有建筑在历史、文化和艺术等方面的价值，以保证建筑风貌的传承。当需要处理较大的建筑形体关系时，可以采用消隐或弱化的手法，以达到新旧建筑之间的和谐统一。此外，还要重视新老建筑公共空间的串联与整合，塑造空间节点，以提升公共空间的品质。

案例：青岛市博物馆扩建

青岛市博物馆面临老馆规模不足的问题，因此需要在老馆基础上进行扩建。博物馆西侧紧邻城市中心主轴线，南侧与大剧院相呼应，因此扩建工程需要协调老馆自身、外部城市空间关系。

方法：通过空间体块协调关系。将新馆的主要功能空间切分成几组体量，嵌入大剧院和老馆之间，共同组成一组聚合空间（图6-7-8、图6-7-9）。

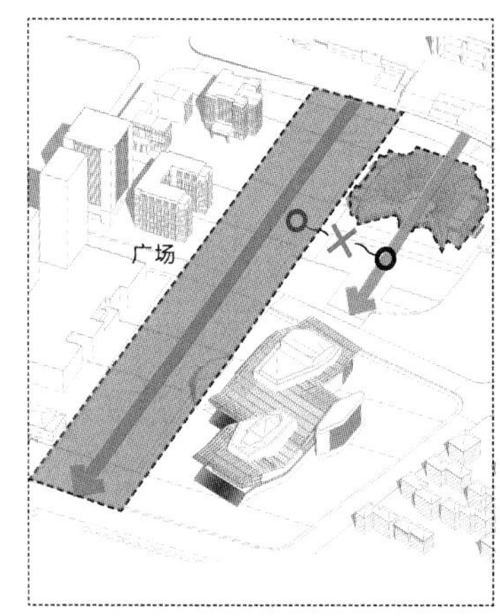

（a）老馆轴线对称，与广场缺乏联系

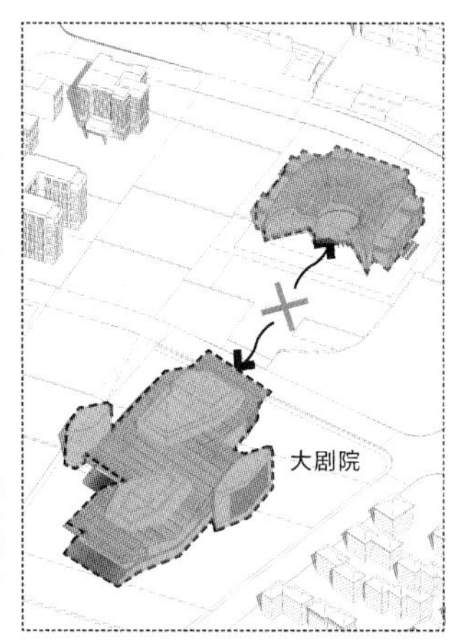

（b）老馆与南侧大剧院缺乏联系

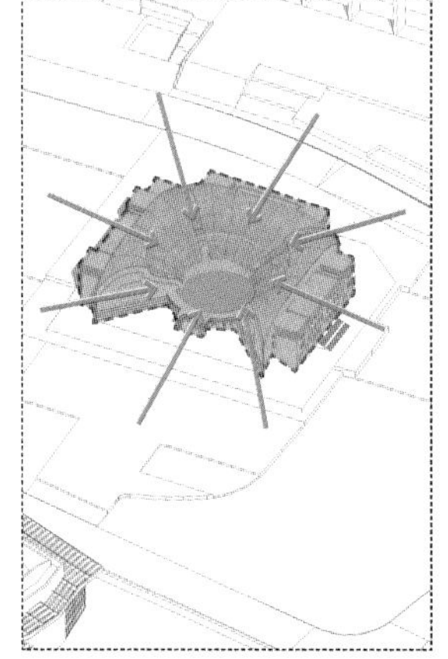

（c）老馆内向型空间，自身围合庭院

图6-7-8　老馆总图布局分析

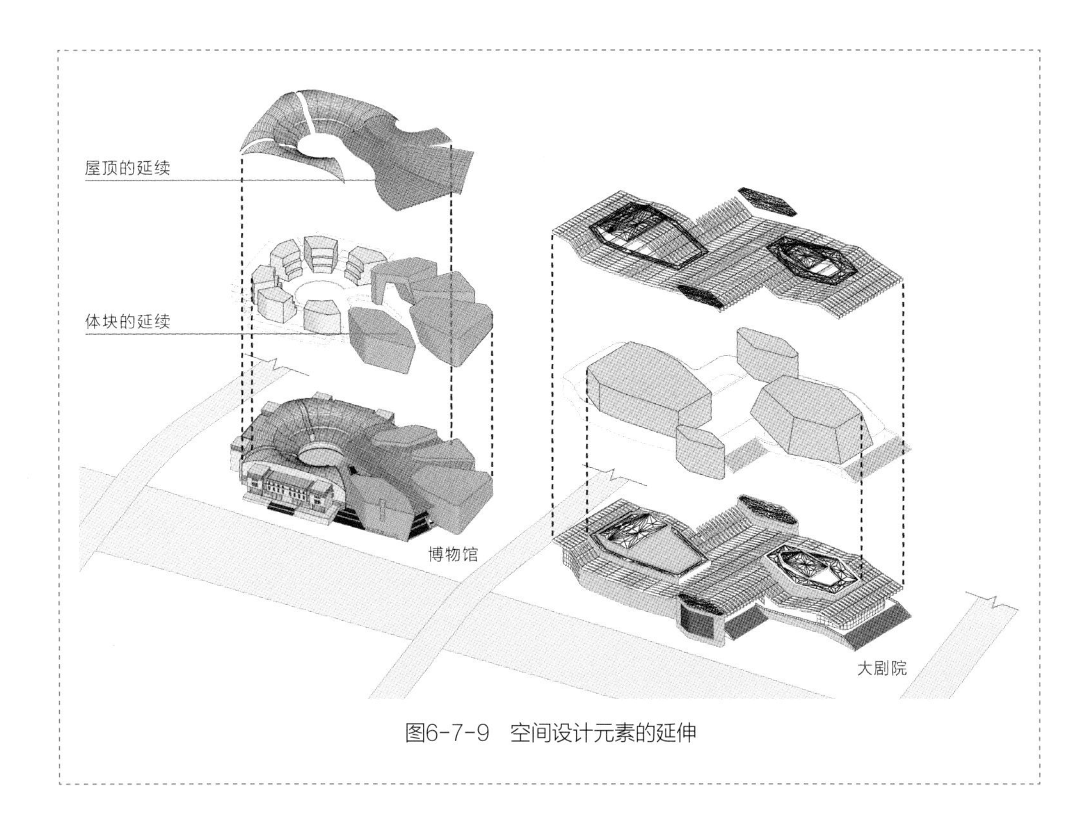

图6-7-9　空间设计元素的延伸

案例：中国神华能源股份有限公司办公楼改扩建方案设计

中国神华能源股份有限公司办公楼设计用地位于北京市东城区，毗邻北二环。拆除原来仪表大厦新建办公建筑，改造东侧原神华大厦，并将两者进行一体化设计。

步骤1：基于既有建筑限制条件生成可建设空间基本形体。新建建筑镶嵌于三栋高层之间，东、西分别紧邻神华大厦和汉华大厦，建筑长度受到限制；同时，拟建建筑北侧为中景豪庭高层住宅，由于日照条件的制约，新建建筑的高度也受到严格限制（图6-7-10、图6-7-11）。

步骤2：基于可建设空间的分析，明确"留、改、拆、增"内容，推导出方案的空间形体，沿二环路方向延展新建建筑长度，将新旧建筑联系在一起（图6-7-12、图6-7-13）。

步骤3：局部植入变化元素，形成新的视觉焦点。通过改变新建建筑形体，强调建筑主入口的引导性（图6-7-14、图6-7-15）。

步骤4：通过新建建筑的形体设计整合既有建筑形体。新建建筑的蟠绕形态有机整合了神华大厦，形成统一的、独具特色的建筑形体空间和景观风貌（图6-7-16、图6-7-17）。

图6-7-10　原老楼照片

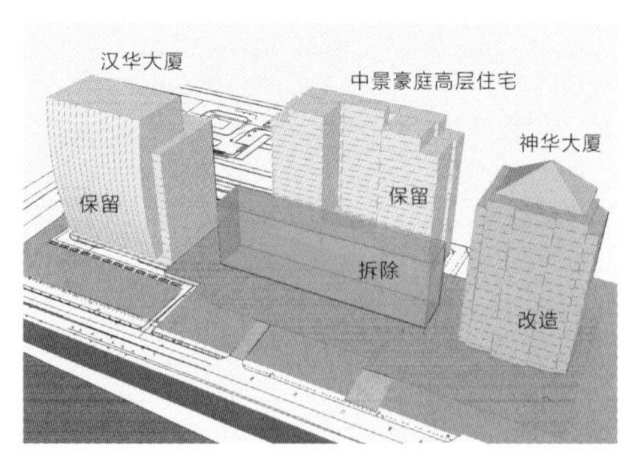

图6-7-11　留改拆分析

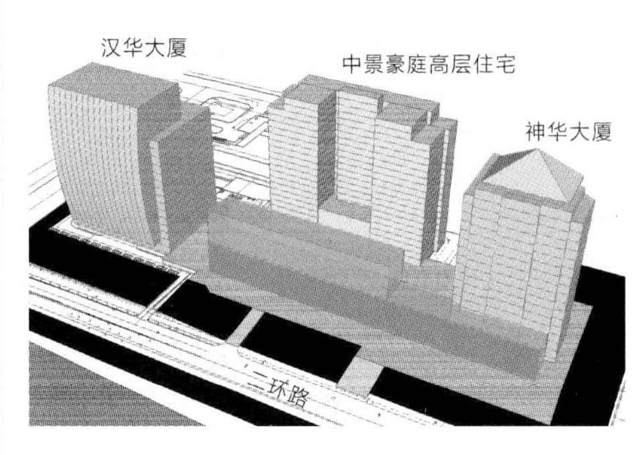

图6-7-12　设计构思

图6-7-13　建成效果

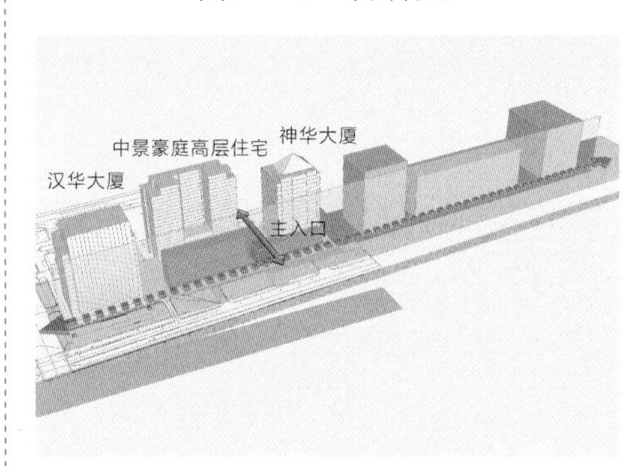

图6-7-14　设计构思

图6-7-15　建成效果

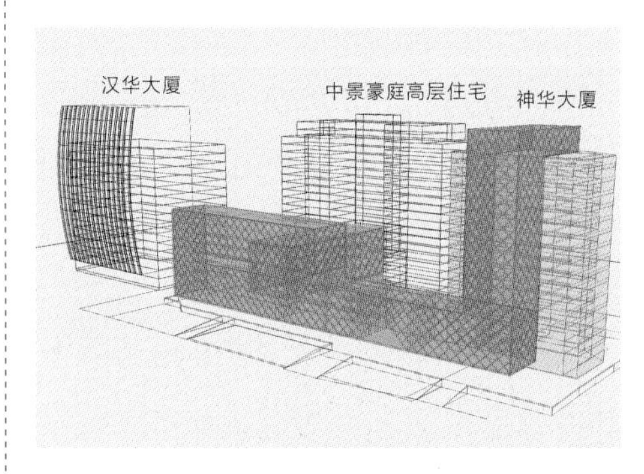

图6-7-16　设计构思

图6-7-17　建成效果

四、弹性设计

建筑的功能和空间需求可能会在未来再次发生变化，因此不能以完全静态的角度去思考现阶段的改、扩建设计。要充分考虑空间的适应性和灵活性，以设计出具有适应性强、可持续发展的有机生长建筑，从而积极应对未来的变化。

在建筑尺度上将整体化为各个部分，采用模块单元组合、装配式建筑等方法，提供可灵活拆分组合的功能模式。此外，还可以设置可延伸的功能空间，或预留部分地块，以满足未来的弹性需求。

案例：北京王府井H2地块项目建筑方案设计

项目位于王府井大街北段，华侨大厦南侧、首都剧场北侧，处于商业气息和艺术活动的繁华区域之间，历史与现代并存。项目建设用地面积6100m²，地上建筑规模28000m²，建设内容为商业和办公。

应对创意、演艺工作室的空间品质需求，设计中采用单元化空间组织模式，形成可分可合的弹性模块化工作单元。建筑的二到九层共设置36个单元，每个单元有一个小中庭和小露台，使用面积在500～600m²之间不等（图6-7-18、图6-7-19）。

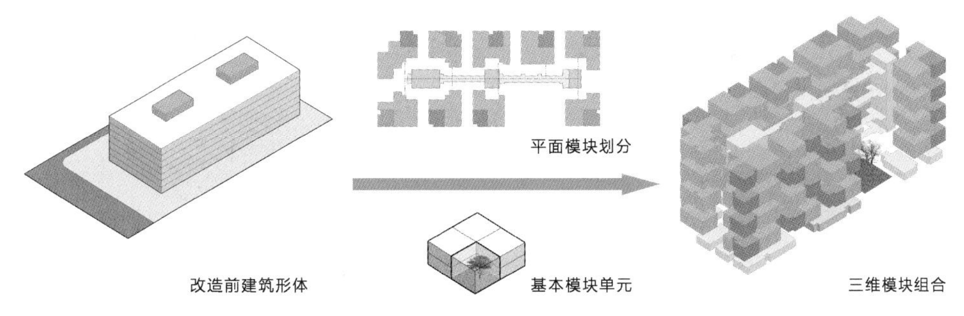

图6-7-18　单元式的弹性更新设计策略示意图

图6-7-19　单元式的弹性更新设计策略设计效果

五、建筑与景观结合

与建筑相结合的景观设计是高品质精细化城市更新的必要工作。

根据项目的功能定位、自然环境以及建筑形体与场地条件的研究，通过借景、内部造景等方法，对与建筑紧密结合的过渡空间进行深入设计，可以激发空间的活力，还可以引导人们追求绿色低碳的生活方式。

案例：中车成都工业遗存改造设计

将组装车间改造成为景观空间——“四季花园”（图6-7-20）。通过在组装车间框架柱上架设廊道和平台，让游人拥有不同视角和标高的空间体验（图6-7-21）。拆除墙壁和屋面，引入植被和水景，将封闭、冷峻的工业厂房内部空间转化为舒适宜人的庭院花园（图6-7-22）。

图6-7-20　改造前的组装车间

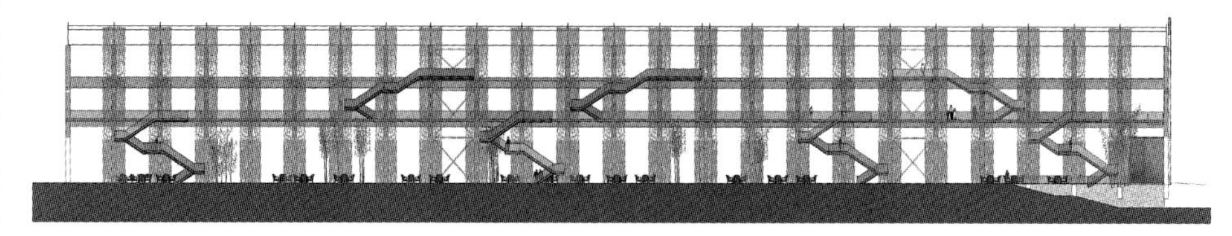

图6-7-21　改造后立面示意

图6-7-22　四季花园效果展示

案例：昆山侯北人美术馆改扩建建筑方案设计

新置入的形体通过场地留白的手法与既有建筑围合出内庭院，为美术馆引入小型景观花园，提供安静的室外休息与交流场所（图6-7-23、图6-7-24）。

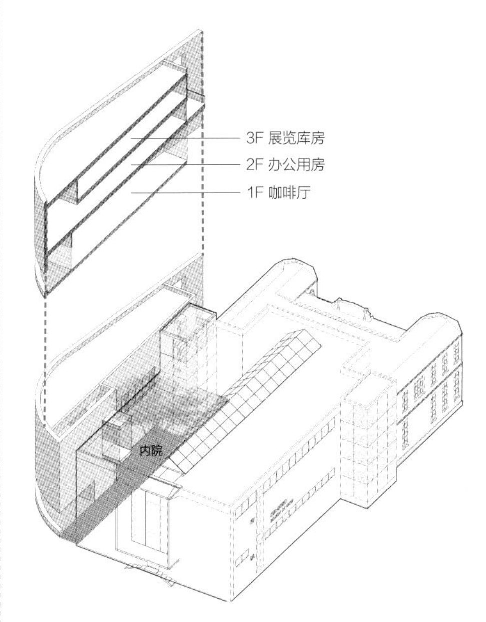

图6-7-23　新旧建筑形体设置小型的庭院

图6-7-24　鸟瞰效果

六、开放共享

注重利用建筑改造实现不同人群的使用感受提升。有条件的将建筑开放一些空间供社会公众享用，增加公众的活动与交流空间，服务于更多不同人群，提高建筑及周边空间的利用效率，节约社会资源和土地，提升城市空间活力。

1. 提升建筑功能的共享性

进行建筑平面功能组织时，在解决自身需求的基础上，需注重建筑空间的复合利用和开放共享。

案例：北京隆福寺文化商业区复兴

建筑首层以商铺、餐饮店和室内公共空间等为主，同时具有对内和对外的出入口，强调公共服务和对外开放性（图6-7-25）。建筑首层设置“十”字形通道，鼓励人流穿行，消减了大厦对周边胡同空间的阻隔（图6-7-26）。

图6-7-25　首层以公共空间和商店为主，强调开放性

图6-7-26　建筑首层鼓励人流穿行

2. 强化公共界面的开放性

提倡建筑公共界面向市民开放，可退让部分场地空间给城市，提供室外活动空间。建筑底层可设置灰空间、檐下空间，为行人提供休憩驻足、遮风避雨的场所，布置展示、经营性功能强化场所活力。

案例：景德镇宇宙瓷厂二期东北角地块“陶溪明珠”

依据外部交通、人流动向和城市公共空间的分析，将建筑内部空间打开，形成一条城市级公共廊道，让城市广场延续，建筑成为广场的一部分（图6-7-27）。

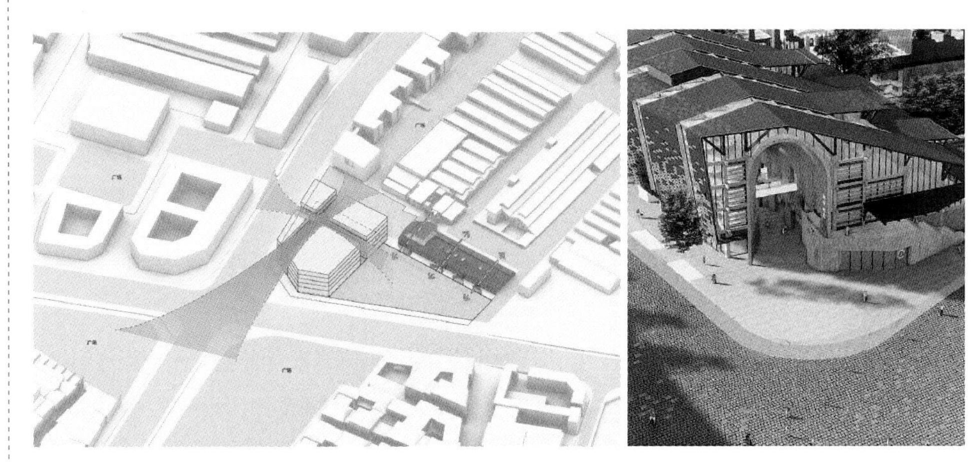

图6-7-27　开放建筑内部空间，更好地融入城市

3. 重视室外空间的公共性

重点关注室外场地和绿地设计的公共性。高层建筑或体量较大的建筑可在高处局部采用屋顶花园或镂空设计并组织交通可达，引入外部人流。

案例：昆山宾馆2号地块城市设计方案

昆山宾馆位于昆山市主城区核心，始建于2000年。为满足宾馆未来发展需求，拟利用宾馆北侧空地新建配套用房。设计提出“城市立体花园”理念，充分利用屋顶空间，设计形成错落有致的屋顶花园，局部墙面采用镂空设计，从功能和空间上增加建筑的公共性和开放性（图6-7-28）。

图6-7-28 昆山宾馆屋顶花园公共开放示意

第八节 完善经济技术指标测算

与新建项目相比，城市更新项目面临更多的博弈和复杂事件，具有更多的不确定因素，导致设计过程中的经济技术指标和资金额度经常发生变化。为解决这个问题，在前七种绿色低碳导向的城市更新设计路径指引之外，还应考虑到每个阶段可能影响建设的因素，完善经济技术指标的测算，例如政策、规划条件、建筑材料和施工组织方案，以确保项目的技术指标和资金预算不会发生较大的变动。

一、经济技术指标测算

在已经调整过的控规和用地规划条件的基础上，需要编制街区层面的经济技术指标表。不同于传统的经济技术指标表，对于城市更新项目，需要明确保留建筑面积、拆除建筑面积、改造建筑面积、新建（或加建）建筑面积等指标，并进一步详细划分地上和地下建筑面积。此外，建议将绿色低碳工作方案中的相关指标纳入到经济技术指标体系中。

1. 保留建筑较多的指标表

如果项目中保留建筑较多，建议将方案与现状的各项指标一一对应标示，通过对比能更清晰地体现出方案的特点。

案例：钓鱼台前门宾馆院落整治

将方案和现状的技术经济指标表分列，各项指标的变化可一目了然。选取地上总建筑面积，保留（文物）建筑面积，重建、新建地上建筑面积，重建、新建地下建筑面积，方案总建筑面积等作为常规指标（表6–8–1）。选取历史建筑原真性保护比例、人均公共绿地面积作为绿色低碳城市更新指标（表6–8–2）。

方案与现状技术经济指标表　　表6–8–1

项目	方案	现状
规划总用地面积（m^2）	14592	14592
地上总建筑面积（m^2）	10223	10251
保留（文物）建筑面积（m^2）	4531	4531
重建、新建地上建筑面积（m^2）	5692	5720
重建、新建地下建筑面积（m^2）	4346	1569
方案总建筑面积（m^2）	14569	11820
容积率	0.70	0.70
绿地率（%）	30	17.42
机动车停车数量（辆）	10	—
建筑层数	地上2层、地下1层	地上2层、地下1层
建筑高度（m）	8.75（新建）	13.35（文物）

绿色低碳城市更新指标表 表6-8-2

指标名称	现状	方案
历史建筑原真性保护比例（%）	—	100
人均公共绿地面积（m^2）	6~8	8~12

2. 保留建筑较少的指标表

如果项目中保留建筑较少，建议以经济技术指标表为主，另列新增建筑功能及面积明细表，具体说明保留、改造、新建部分的规模。

案例：宝鸡市文化艺术中心设计

通过“主要经济技术指标表”“建筑功能与面积明细表”说明方案对现状的改变。基于常规“主要经济技术指标表”，在右侧备注利用原有建筑改造面积，可更直观地体现出项目的更新改造特征；增加“建筑功能与面积明细表”，让“拆除多少”变得一目了然，并且对改造建筑面积指标细化，让人能够清晰看出哪些原有建筑被保留或改造（表6-8-3、表6-8-4）。选取人均公共绿地面积、既有建筑绿色化改造比例作为绿色低碳城市更新指标（表6-8-5）。

主要技术经济指标表 表6-8-3

序号	项目		数量	单位	备注
1	其中	建设用地面积	86669.207	m^2	—
		退还绿化用地面积	8036.139	m^2	—
		退还道路用地面积	241.804	m^2	—
2	总建筑面积		98254	m^2	含利用原有建筑改造面积22454m^2
	其中	地上建筑面积	69395	m^2	含利用原有建筑改造面积22032m^2
		地下建筑面积	28859	m^2	含利用原有建筑改造面积422m^2
3	容积率		0.80	—	—
4	建筑基底面积		32060	m^2	—
5	建筑密度		36.99%	—	—

续表

序号	项目		数量	单位	备注
6	绿植面积		30540	m^2	—
	其中	实土绿地面积	22570	m^2	—
		覆土绿地面积	5970	m^2	—
7	绿地率		35.24%	—	—
8	机动车停车位		558	辆	含无障碍车位7辆
	其中	地面停车位	58	辆	含无障碍车位5辆
		地面停车位	500	辆	含无障碍车位2辆
9	非机动车停车位		365	辆	均为地面停车

建筑功能与面积明细表　　表6-8-4

序号	项目		建筑面积			单位	备注
			合计	地上	地下		
1	音乐厅		6351	6351	—	m^2	其中观众厅700座
2	科技馆		10670	9070	1600	m^2	地下面积为下沉庭园周边展厅及配套使用面积
3	群众艺术馆及美术馆		11320	11320	—	m^2	—
4	图书馆		26978	25950	1028	m^2	地下面积为地下书库建筑面积
	其中	未成年人图书馆	—	850	—	m^2	—
		利用原有锅炉房改造	—	2175	—	m^2	—
		利用原有车间改造	2706	13398	—	m^2	—
5	青少年活动中心		12952	12952	—	m^2	—
	其中利用原有高层建筑改造		—	2706	—	m^2	原高层建筑一至七层建筑面积
6	文化艺术中心办公及其附属用房（均为利用原有高层建筑改造）		4174	3752	422	m^2	原高层建筑一至七层以外建筑面积
7	地下车库及设备用房		25809	—	25809	m^2	地下停车500辆
8	总建筑面积		98254	59395	28859	m^2	—

绿色低碳城市更新指标表　　表6-8-5

指标名称	现状	方案
人均公共绿地面积（m^2）	8~12	12~15
既有建筑绿色化改造比例（%）	80~90	90~100

二、资金投入产出测算

资金测算需要贯穿设计的各个阶段，并与不同阶段的设计深度相匹配。在收集资料时，应重点关注策划、概念规划以及可行性研究报告等资料中有关项目投资的估算或预算。在构思设计方案时，应结合已有的投资估算和类似规模的优秀案例，进一步优化设计。在进行详细规划和初步设计时，应对工程造价进行细致、实际的考虑，在确保设计效果的前提下合理确定投资限额，以减少不合理的变更，并及时修正投资额。

第七章

绿色低碳导向的城市更新设计项目实施引导

第一节　公众参与，多方互动

城市更新项目实施阶段可以通过组织公众参与，调动政府、物业权利人、投资运营主体、周边受影响的居民等相关利益群体的积极性，搭建促进多方交流的互动平台，有助于共同推动城市更新项目顺利实施。

通常情况下，应根据城市更新项目所处的阶段组织不同形式的公众参与。在前期准备阶段，通过实地走访、发放调查问卷、召开研讨会、组织座谈会等方式，重点关注相关利益群体的需求以及对更新方向的设想；在方案设计阶段，通过组织设计工作坊（营）、方案论证会、方案宣讲会、设计成果公示等方式，调动相关利益群体积极交流，促进方案的修改完善，设计成果宜用通俗易懂的形式表达；在建设实施阶段，通过建立施工协调会、设置监督热线等方式，提供多方沟通反馈渠道，及时协调解决建设实施中的各类问题，必要时需调整相应设计；在管理监督阶段，通过建立监督考核机制、沟通协商机制等方式，加强协调沟通和监督考核，平衡各方利益关系，提高城市更新的公众认同度和满意度。

案例：南京艺术学院校园改造规划

为了准确辨识出学院中亟待更新的节点，项目组通过问卷、座谈等形式，针对使用者群体广泛开展公众参与活动，明确并梳理教学设施、校园景观、公共服务设施、学生生活设施、休闲娱乐活动场所等多种类型的需求及设想，为设计方案生成提供依据（图7–1–1）。

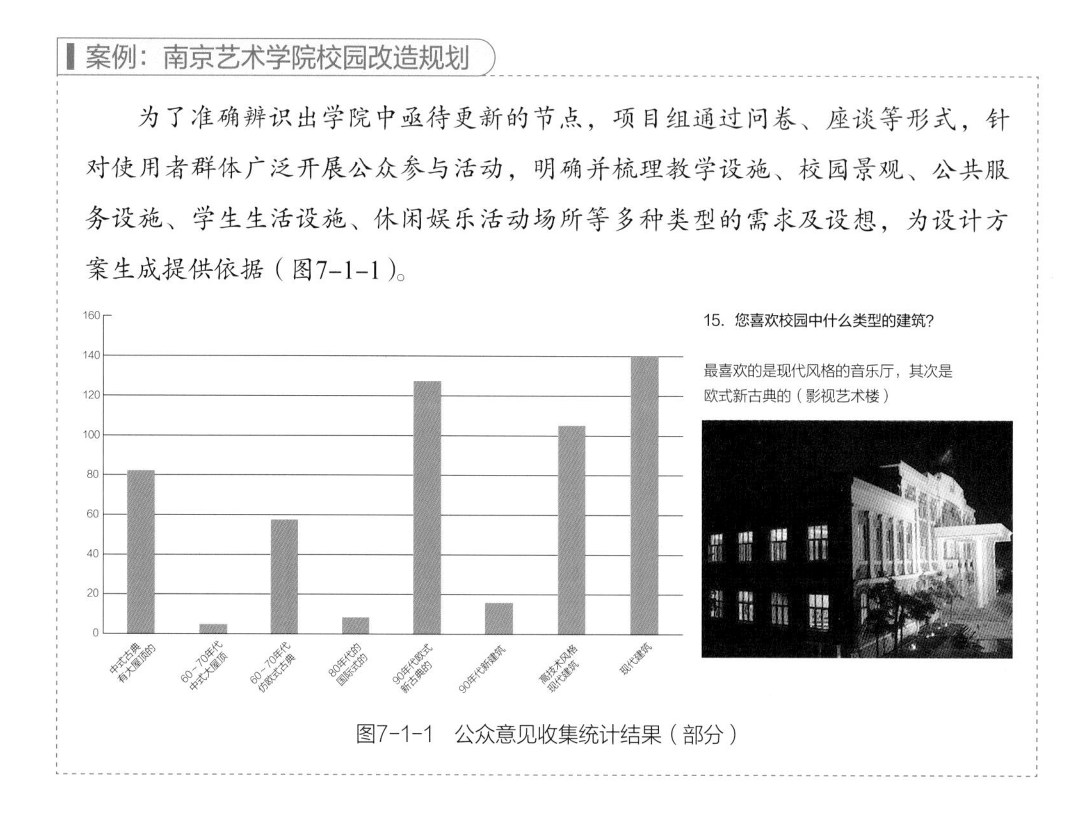

图7-1-1　公众意见收集统计结果（部分）

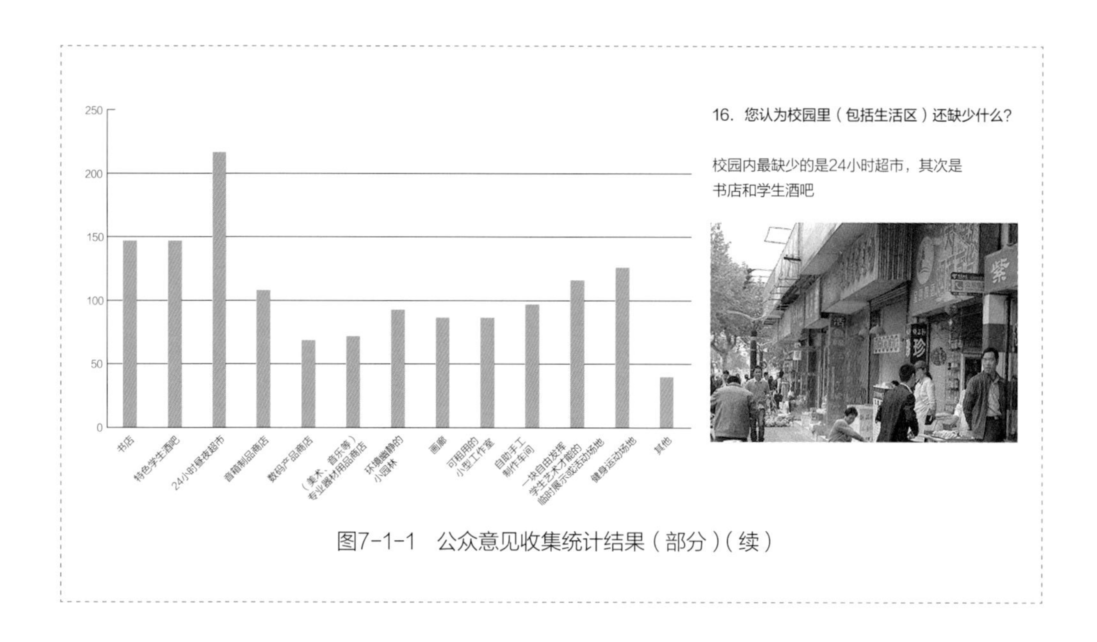

图7-1-1　公众意见收集统计结果（部分）（续）

第二节　分期实施，有序发展

城市更新项目的开发周期较长，且易受到政策、资金、土地、产权等诸多不确定因素影响，因此需要从建设运营角度统筹考虑项目的开发时序。

制定分时序实施计划时，要充分了解业主利益诉求、项目功能分布、建设运营周期、资金准备情况、基础设施投入、先期确定项目的资金需求、运营阶段财务状况预期、可能产生的社会影响等，对项目实施的难易程度进行综合评估。并且还需处理好项目整体与分期的关系，提高资金投入产出率，实现项目的渐进式滚动发展。同时，在制定分时序实施计划时，明确城市更新的目标和原则，结合城市发展战略和规划，确定城市更新的重点区域、重点任务和重点项目，并且根据不同区域的功能定位、发展需求和更新条件，确定不同阶段的更新范围、内容、方式和进度，形成短期、中期和长期的实施方案。

案例：中车成都工业遗存改造设计

基于厂区留存建筑、设施、植被现状（图7-2-1），结合业主意愿、成本控制和功能策划，设计方案提出细致合理的分期改造策略（表7-2-1）。

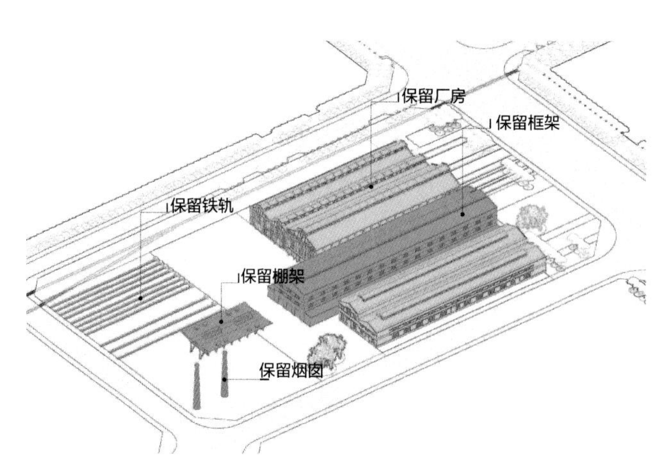

图7-2-1　场地内各类遗存现状

中车成都工业遗存改造设计分期计划　　　　表7-2-1

分期	主要措施	空间示意
一期	• Y形棚架改造为售楼处； • 对机车展场、四季花园、临时停车场进行景观改造； • 龙门吊移至蜀龙路一侧； • 临蜀龙路树木移栽至西部工业体验区	
二期	• 改造和维护联合厂房、柴油机车间； • 改造铁轨步行道； • 厂房内部景观和一期景观的衔接	
三期 （施工期间）	• 联合厂房西侧下挖二层地库，周边围挡，原地块内树木移栽至临蜀龙路一侧； • 蜀龙路地铁及下沉广场接驳； • 临蜀龙路广场景观改造，主入口移至东侧	

续表

分期	主要措施	空间示意
三期（施工完成）	• 联合厂房西侧新建建筑施工完成； • 恢复景观； • 核心区建设完成	

案例：南京艺术学院校园改造规划

分期原则一是尽量减少对老师和学生在教学、科研、学习、生活等方面的影响，二是避免大量占用资金。基于此，一期完成南校门的新建，体育馆、音乐学院、设计学院的加建改造，局部道路的提升；二期完成东校门广场、图书馆加建，演艺中心、博物馆、地下车库、学生生活广场等建设（图7-2-2、图7-2-3）。

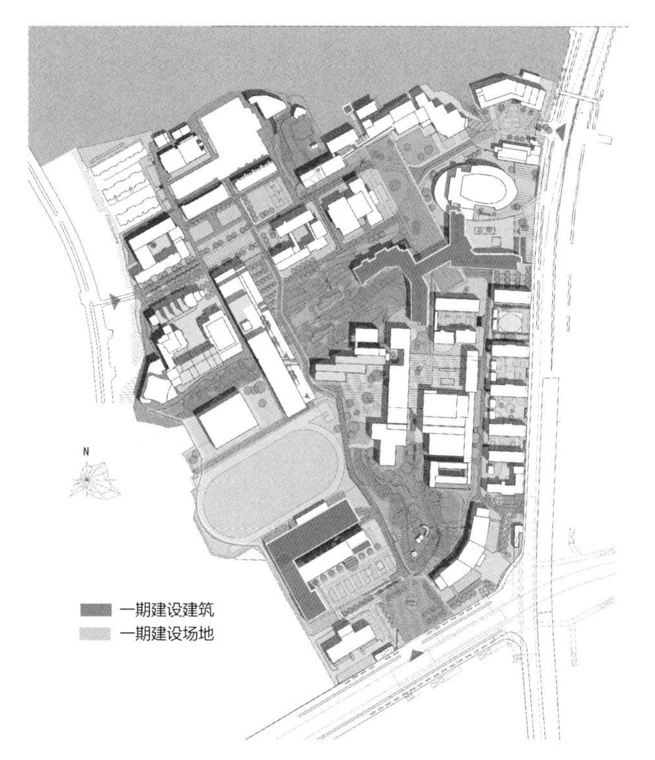

图7-2-2　一期建设项目示意

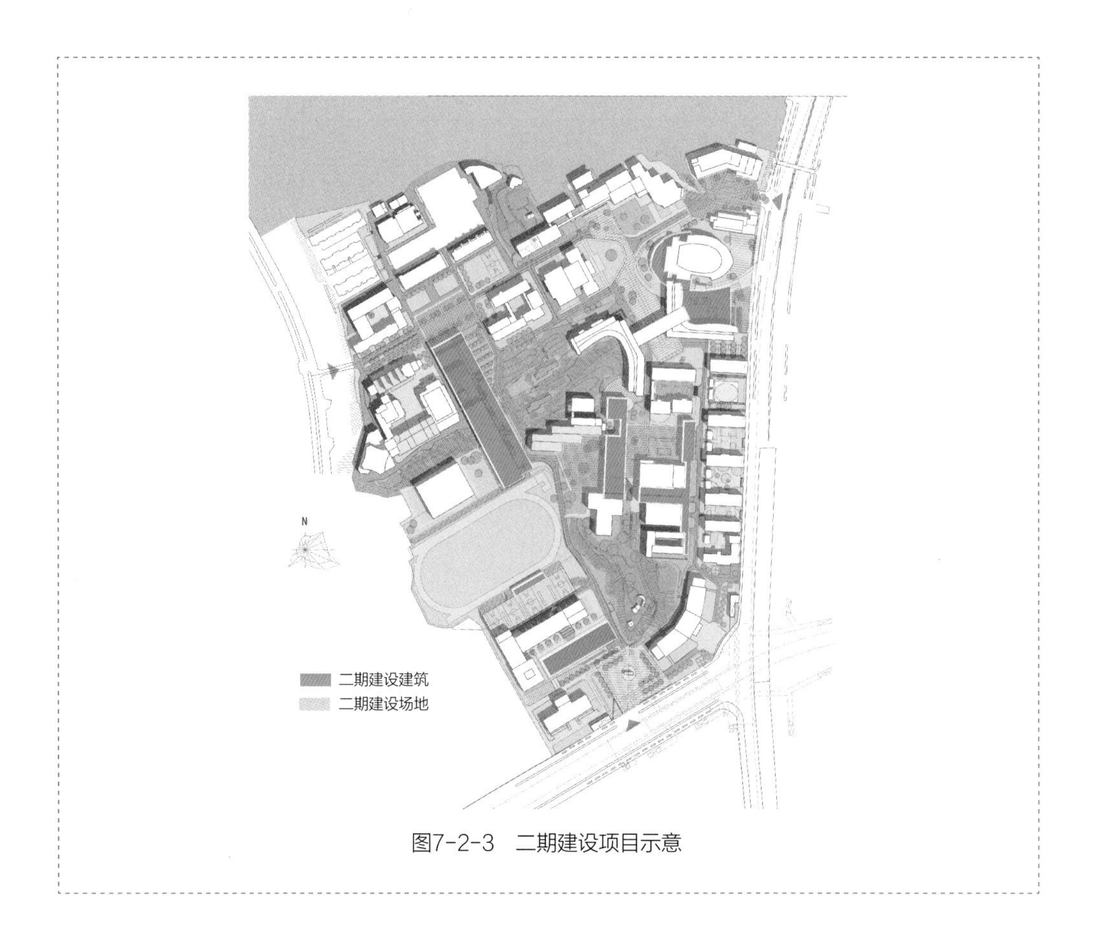

图7-2-3　二期建设项目示意

第三节　专业协同，团队协作

相比于城市新建项目，城市更新项目往往复杂程度高、涉及专业多，因此多专业协同显得尤为重要，所涉及的专业一般包括项目策划、城市规划、建筑设计、室内设计、结构设计、机电设计、景观设计、市政工程、交通规划、工程咨询、工程造价等。

各专业团队应加强协调机制、沟通方式、技术平台等方面协作。在协调机制上，建立总设计师负责制度和技术协调会制度，由建筑师作为总设计师和技术协调会召集人，其余各专业团队负责人作为参会成员；技术协调会应定期召开，处理项目推进过程中遇到的各种技术问题。在沟通方式上，应“线上线下”相结合，“线上”主要包括建立工作微信群、召开网络会议、建立人员通讯录等，保证及时沟通；“线下”可结合技术协调会、临时调度会等当面沟通，有效解决重大技术问题。在技术平台上，应使用相同的绘图软件、统一的制图要求及标准化的成果版式。

第四节　协助业主，有序推进

基于全过程工程咨询服务需求，设计团队可发挥自身专业优势，在项目决策、方案设计、项目报审、实施运营等阶段协助业主推进项目，为项目早日投入运营提供技术支持。

在项目决策阶段，设计团队可协助业主开展项目投资机会研究、投融资策划，编制项目建议书（预可行性研究）、项目可行性研究报告、项目申请报告、资金申请报告等；也可作为业主顾问，为前述技术文件提供评审或专业咨询。在方案设计阶段，设计团队要充分发挥方案的可视化、具体化特点，将其作为利益相关方充分沟通的平台，促进各方达成共识后一起推动项目实施；在项目报审阶段，设计团队需根据政府相关部门要求，提供符合报审流程和技术规范的技术成果，并根据审批意见修改完善。在实施运营阶段，根据实际情况提供技术咨询服务；协助业主制定项目的运营和管理方案，提供运营和管理服务；定期回访项目，为业主在运营中遇到的问题提供专业建议和解决方案。

第五节　实施评估，反馈改进

城市更新设计实施后评估是对设计成果的检验，其中研判设计内容和现实中使用需求之间的契合程度是实施后评估的一大任务。通过实施后评估，探讨项目设计各环节的有效性、评判其设计环节的完成度、检验其运维环节的完整性、将其综合反馈至其他项目设计中，可以帮助建立项目设计数据库，完善项目相关建设流程，为今后的城市更新设计项目提供借鉴和改进[①]。

开展城市更新实施后评估时，首先应该确定评估目的、范围和方法：根据项目的特点和背景，明确评估的主要目标、对象、内容、指标和方法，制定评估方案和计划。其次收集和分析评估数据：通过调查问卷、访谈、观察、文献资料等方式，收集项目实施前后的相关数据，包括项目的规划设计、建设实施、运营管理等方面的数据，以及项目对城市空间结构、生态环境、社会经济、文化历史等方面的影响数据；对收集到的数据

---

① 贾园，庄惟敏．建筑师负责制背景下的前策划后评估——以北京科技大学综合体育馆为例[J]．新建筑，2020（3）：107-111.

进行整理、分析和归纳，运用适当的评估模型和方法，计算项目的效果指标和效益指标。最后形成和发布评估报告：根据评估数据和分析结果，形成评估报告，总结项目的实施效果、成本效益、社会影响等方面的优势和不足，提出改进意见和建议；将评估报告向相关利益相关者和公众发布，接受反馈和监督。同时，在开展实施后评估时要注意结合项目自身特点，采集相关数据指标（特别是绿色低碳相关指标），运用单项指标重点评估或多指标综合评估等方法，需注重定量分析与定性分析相结合，体现评估的科学性、规范性与合理性，推动城市的绿色低碳与高质量发展。

案例：景德镇宇宙瓷厂二期东北角地块“陶溪明珠”

通过2012年3月与2017年3月卫星夜光影像分析图对比（图7-5-1），可以观测到陶溪川城市活力的显著提升，侧面证实设计方案与该地区发展具有较高契合性，对其建设起到了较强的助力作用。

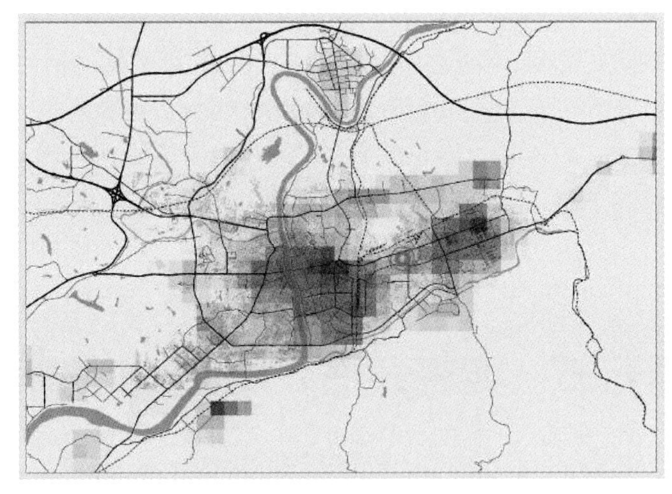

（a）2012年3月夜光影像图（500m分辨率）

（b）2017年3月夜光影像图（500m分辨率）

图7-5-1　项目实施前后城市活力对比

第八章

结语

第一节　主要结论

我国近年来以二氧化碳为主的碳排放量逐年攀升，目前已是世界上最大的碳排放国家之一。为了应对高碳排放带来日益严重的大气污染和气候变化问题，绿色低碳规划与建设是保障我国城乡绿色可持续发展的重要手段之一。以绿色低碳发展为导向的城市更新设计作为结构调整式减排的重要途径，合理确定绿色低碳评价标准日益成为落实城市更新绿色低碳目标的重要手段。

本书从城市更新设计与建设成果的空间布局、文化脉络、道路交通、景观绿化、服务设施、绿色建筑六个方面出发，形成以绿色低碳为导向的设计引导策略与方法，定量化评估城市更新的绿色低碳成效，全方位实现空间共享、功能兼容、扩容增绿、小微更新的绿色低碳目标。在绿色低碳城市更新评价方法的基础上构建全国绿色低碳城市更新方法指引，建立城市更新绿色低碳评价标准，完成绿色低碳技术向城市更新设计策略方法的系统转化，完善绿色低碳管控和实施策略，为不同片区地块绿色低碳发展提供理论和技术支持。

第二节　分项结论

我国当前城市更新的内涵已由单纯的物质空间改善发展为“以内涵集约、绿色低碳发展为路径，转变城市开发建设方式，坚持‘留改拆’并举、以保留利用提升为主，加强修缮改造，补齐城市短板，注重提升功能，增强城市活力”[①]。而城市更新的内涵演进必将推动规划设计理念、方法、策略的优化和完善。

实施城市更新行动和实现绿色低碳目标是我国未来城市建设发展的重要路径，通过整理各阶段城市更新的工作思路与要点，解析各案例项目设计和建设的关联特征，本书总结出一套基于绿色低碳导向的城市更新项目设计方法与策略体系，形成3个阶段17项主要方法与策略，具体如下：

---

① 住房和城乡建设部. 住房和城乡建设部关于在实施城市更新行动中防止大拆大建问题的通知[Z/OL]. https://www.mohurd.gov.cn/gongkai/fdzdgknr/zfhcxjsbwj/202108/20210831_761887.html.

前期准备阶段：①城市更新现状研究；②相关资料收集分析；③项目评估策划研究；④制定绿色低碳方案。

规划设计阶段：①塑造绿色低碳空间结构；②织补绿色低碳文化脉络；③优化绿色低碳道路交通；④提升绿色低碳景观绿化；⑤完善绿色低碳设施规划；⑥推广绿色低碳建筑技术；⑦实现绿色低碳建筑改造；⑧优化绿色低碳指标测算。

实施运营阶段：①组织公众参与；②制定分时序计划；③促进多专业协同；④协助广大业主推进；⑤开展实施后评估。

具体方法与策略基本包括以下三部分内容：首先是对设计对象的整体性描述和评价阐明其目标、效益和问题，其次是对技术路径或要素要点的抽象凝练，最后是通过典型工程设计案例解析加以佐证。

总体来看，我国在实施城市更新行动大背景下，积极总结城市更新项目设计经验，并融入绿色低碳相关技术方法，可以对今后城市更新项目设计提供重要的参考价值。

第三节　未来展望

针对不同层级和领域，构建相应的绿色低碳城市更新评价指标以及规划设计优化策略和方法，完成从相对微观的绿色低碳技术向相对宏观的绿色低碳城市更新设计策略和方法的系统转化，完善绿色低碳规划管理控制和实施策略，由此实现适应全国城市更新发展与人民需求相吻合的绿色低碳设计与建设路径。

本书对未来提出以下三项展望。

一、科学研究层面

本书提出的绿色低碳城市更新评价指标和约束标准，在城市片区及地块层面构建了新的绿色低碳评价理论体系，有效丰富和系统提升了城市更新设计中的绿色低碳规划方法和技术。按照本书技术框架和实施路径，并通过绿色低碳城市更新指引，实现不同地域城市的绿色低碳规划、设计、建设、管理的优化与应用，将促进我国城市绿色低碳发展水平达到国际先进水平。预期本书成果的实施，将进一步优化和完善我国绿色低碳城市更新编制的新理论、新方法、新标准，预计将为中国不同地域的城市人居环境建设与治理提供绿色低碳发展新路径。

二、设计技术层面

本书基于城市片区及地块的绿色低碳更新设计标准与评价要点，提出一系列便于规划、建设和管理的绿色低碳评价体系，将进一步缩小我国与国际绿色低碳建设与治理先进水平的差距。预期本书成果的实施，将使我国城市规划与建筑设计实现从传统功能分区导向向绿色低碳发展优化导向的转变，从城市更新的常态化设计方法指引向绿色低碳发展方法指引的转变。

三、成果转化层面

本书成果的实施主要面向城市城乡规划管理部门和规划设计编制单位，并在我国各典型城市片区或地块进行了规划设计方法的应用和推广，为成果转化起到了良好的示范作用。预期本书成果的实施，将推动六个方面的绿色低碳城市更新策略转化为相关技术标准及应用产品，未来可搭建具有完全自主知识产权的绿色低碳城市更新管控智慧平台。伴随着我国生态文明建设的深入展开，本书成果的实施可为我国城市规划与建设领域实现绿色低碳导向的城市更新设计方法与治理路径的巨大革新作出贡献。

参考文献

专著

［1］卜凡中，龚后雨．万众“双修”战沉疴——解读“城市修补生态修复”三亚实践［M］．北京：新华出版社，2016.

［2］唐燕，杨东，祝贺．城市更新制度建设：广州、深圳、上海的比较［M］．北京：清华大学出版社，2019：48-49.

［3］IPCC. Climate change 2021: The physical science basis［M］. Cambridge: Cambridge University Press

［4］杨印生，李洪伟．管理科学与系统工程中的定量分析方法［M］．长春：吉林科学技术出版社，2009.

［5］LYNCH K. The city image and its elements［M］. Cambridge, Mass: The MIT Press, 1960: 40-60.

期刊论文

［1］赵科科，顾浩．基于内容比较的国内城市更新地方性法规研究［J］．北京规划建设，2022（4）：53-57.

［2］董昕．我国城市更新的现存问题与政策建议［J］．建筑经济，2022，43（1）：27-31.

［3］刘泽淼，黄贤金，卢学鹤，等．共享社会经济路径下中国碳中和路径预测［J］．地理学报，2022，77（9）：2189-2201.

［4］雷庆华．城市人居环境优化、健康与低碳的实践研究——在城市更新中重塑自然环境［J］．世界建筑导报，2022，37（4）：56-63.

［5］周剑峰，古叶恒，肖时禹．“双碳”目标下的高质量城市更新框架构建——基于湖南常德的城市更新实践［J］．规划师，2022，38（9）：96-101.

［6］中国建筑节能协会，重庆大学城乡建设与发展研究院．中国建筑能耗与碳排放研究报告（2022年）［J］．建筑，2023（2）：57-69.

［7］陈天，耿慧志，陆化普，等．低碳绿色的城市更新模式［J］．城市规划，2023，47（11）：32-39.

［8］顾朝林，谭纵波，刘志林，等．基于低碳理念的城市规划研究框架［J］．城市区域规划研究，2010，3（2）：23-42.

［9］伍炜．低碳城市目标下的城市更新——以深圳市城市更新实践为例［J］．城市规划学刊，2010（S1）：19-21.

[10] 王凯．“双碳”背景下，打造城市更新六大技术体系 [J]．新型城镇化，2023 (9)：16.
[11] 张弓．城市更新的低碳实施策略：从“拆改留”到“留改拆”[J]．可持续发展经济导刊，2022 (4)：22-23.
[12] 林坚，叶子君．绿色城市更新：新时代城市发展的重要方向 [J]．城市规划，2019，43 (11)：9-12.
[13] 胡海艳，董卫．低碳理念下的城市设计初探——以武汉解放大道西段城市设计为例 [J]．城市建筑，2011 (2)：28-30.
[14] 王建国，王兴平．绿色城市设计与低碳城市规划——新型城市化下的趋势 [J]．城市规划，2011，35 (2)：20-21.
[15] 欧亚．阿姆斯特丹：绿色城市的可持续发展之道 [J]．前线，2017 (4)：74-79.
[16] 王欢．基于低碳理念的城市更新设计研究——以惠州惠环片区为例 [J]．城市建筑空间，2023，30 (4)：63-66.
[17] 周伟铎，郑赫然，庄贵阳，等．雄安新区低碳发展策略研究——基于深圳特区、浦东新区、滨海新区的低碳发展实践 [J]．建筑经济，2018，39 (3)：13-18.
[18] 高巍，欧阳玉歆，赵玫，等．公共服务设施可达性度量方法研究综述 [J]．北京大学学报 (自然科学版)，2023，59 (2)：344-354.
[19] 李小东，张玉鹏，李德．合肥瑶海区旧城更新改造规划路径探索 [J]．规划师，2018，34 (S1)：44-49.
[20] 王书评，郭菲．城市老旧小区更新中多主体协同机制的构建 [J]．城市规划学刊，2021 (3)：50-57.
[21] 吴真，上海城市更新项目标准流程探讨 [J]．绿色建筑，2019，11 (4)：69-71.
[22] 黄也桐，庄惟敏，米凯利 · 博尼诺．城市更新中的建筑策划应对实践——以都灵费米中学改造项目为例 [J]．世界建筑，2022 (2)：84-91.
[23] 刘少瑜，杨峰．旧建筑适应性改造的两种策略：建筑功能更新与能耗技术创新 [J]．建筑学报，2007 (6)：60-65.
[24] 郑晓雨．新型城镇化进程中土地节约集约利用问题探讨 [J]．四川建材，2022，48 (9)：49-50.
[25] 章明，高小宇，张姿．向史而新延安中路816号“严同春”宅 (解放日报社) 修缮及改造项目 [J]．时代建筑，2016 (4)：97-105，96.

[26] 姜震宇. 海绵城市建设及应用探讨 [J]. 建筑工程技术与设计，2017 (19): 125-126.

学位论文

[1] 蒋沙沙. 基于低碳理念的城市更新设计研究 [D]. 株洲：湖南工业大学，2019.
[2] 程依博. 长春市城市更新演进的特征与趋势 [D]. 长春：吉林建筑大学，2020.
[3] 孙叶飞. 中国城镇化对碳排放的影响研究 [D]. 徐州：中国矿业大学，2017.
[4] 刘露. 天津城市空间结构与交通发展的相关性研究 [D]. 上海：华东师范大学，2008.

标准规范及其他

[1] 中华人民共和国住房和城乡建设部，中华人民共和国国家质量监督检验检疫总局. 绿色生态城区评价标准：第4部分土地利用：GB/T 51255—2017 [S]. 北京：中国建筑工业出版社，2018：4.
[2] 中华人民共和国住房和城乡建设部. 既有社区绿色化改造技术标准：第6部分规划与设计：JGJ/T 425—2017 [S]. 北京：中国建筑工业出版社，2018：19.
[3] 北京市规划和国土资源管理委员会，北京市质量技术监督局. 绿色生态示范区规划设计评价标准：第6部分绿色交通：DB11/T 1552—2018 [S]. 北京：北京市建筑设计研究院有限公司等，2018：12.
[4] 住房和城乡建设部. 绿色建筑评价标准：GB/T 50378—2019 [S]. 北京：中国建筑工业出版社，2019.
[5] 住房和城乡建设部. 住房和城乡建设部关于在实施城市更新行动中防止大拆大建问题的通知 [Z/OL]. https://www.mohurd.gov.cn/gongkai/fdzdgknr/zfhcxjsbwj/202108/20210831_761887.html

后记

目前受到各种因素的影响，城市新建项目呈现出明显的减少趋势，城市快速发展的阶段一去不复返，城市进入到了更新发展的新阶段。同时，国家在推动绿色低碳与高质量发展的背景下，又对城市更新提出了更高的要求。在撰写本书的过程中，我们也踏上了一段既充满挑战又极具启发的旅程。这本书的完成，既是对当前绿色低碳与城市更新领域知识的一次系统梳理，也希望能引发读者思想上的触动和共鸣。我们深刻体会到，绿色低碳城市更新不仅是技术与策略的革新，是思想上的革新，亦是对人类与自然和谐共生理念的深度理解，也是基于此理念下的对设计实践的再审视。

让城市更加绿色低碳、更加具有韧性、更加宜居人性化，开始成为我们时代的主旋律。那么我们该以什么样的态度对待城市更新，对待绿色低碳发展？我们又该选择什么样的实践路径？我们试图通过这本书，搭建绿色低碳城市更新设计理论与实践的桥梁，在科学研究层面优化和完善绿色低碳城市更新的理论、方法与实践路径。书中每一种策略的梳理、每一个案例的解析，都是对城市可持续发展路径的一次积极的探索，希望为未来城市更新建设提供经验和科学性引导。而我们深知，城市更新从某种用意义上讲，其本身就是绿色低碳的做法。此外真正的绿色低碳城市更新不仅是城市、建筑层面的绿色低碳改造，更是一种生活态度、一种社会共识、一种文化传承，也是处理城市问题的价值观。

本书的完结并非终点，而是对后续相关研究的引导和启发。随着科技进步、政策的出台和社会意识的提升，绿色低碳导向的城市更新设计实践将不断涌现新思路、新技术、新模式，期待这本书能激发更多关于促进绿色低碳城市更新、推进城市高质量发展的思考与行动。

在此，我们要向所有参与本书编写、审阅及提供宝贵资料的专家、学者、实践者致以最诚挚的感谢（书中未标注具体来源的案例图片均来自中国建筑设计研究院有限公司的实践项目）。同时，由于目前案例数量较少、相关研究的空白，以及编纂时间和篇幅受限，本书还有大量未能探究和涉及的内容，但也让我们坚定了信念，在未来进行持续的完善和探索。在此，希望广大读者在阅读之后，能够提出宝贵的意见和建议，让这本书的理念从一个棵小树逐渐被培育成参天大树。

愿设计师、建设者、使用者们携手并肩，共同推进绿色低碳、生态韧性、宜居和谐的城市更新进程，让我们在建设绿色低碳城市的道路上砥砺前行。

向所有推动城市绿色低碳发展而辛勤付出的人们致敬。